高校数学からのギャップを埋める大学数学入門

蔵本貴文 著

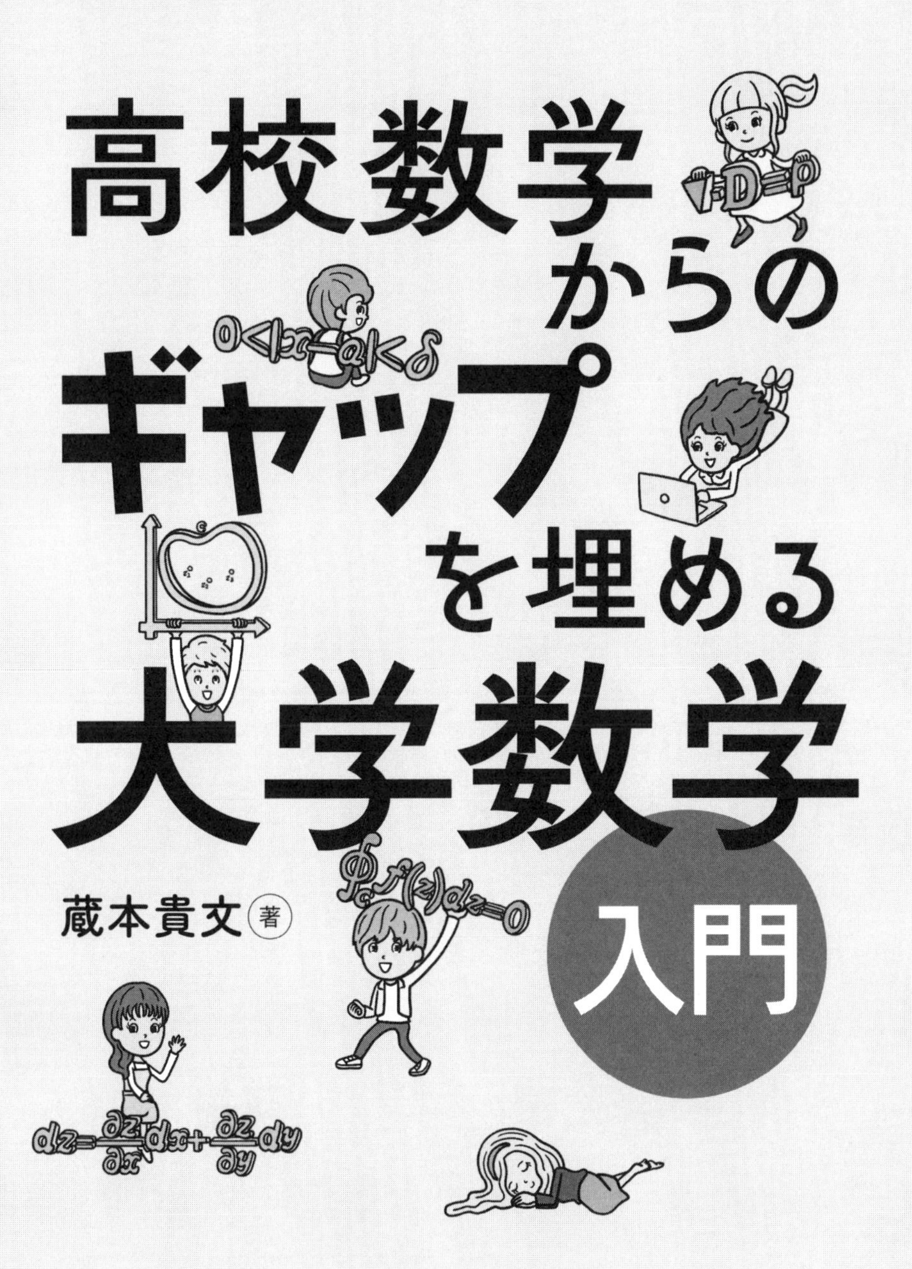

技術評論社

Introduction

まえがき

大学に入って、あれほど好きだった数学が嫌いになってしまった。
そんな想いを抱えている学生は多いのでないでしょうか。

私の学生時代は20年以上前になりますが、私もそんな一人でした。
ただ世の中を見てみると、そんな状況は昔と全然変わっていないようです。「理系の理系離れ」という、妙な言葉が出回っていたりするわけですから。

私も高校時代には、数学を専門的に学ぶことを視野に入れていました。でも1年の線形代数の教科書を見て、これは受け入れられないと断念しました。こんな本を書いておきながら、大学高学年以降で学ぶ本格的な数学は、私は全く履修していません。

でも、それから大学での物性物理の研究を行って、そして半導体企業に就職し「モデリング」と呼ばれる仕事を専門として行う中で、大学数学の意味が見えてきました。
モデリングとは、高等数学を駆使して、半導体素子の特性を数式で表現する仕事です。この仕事を行う上では、微積分や複素数、三角関数、大学の分野では行列（線形代数）やベクトル解析、多変数関数の微積分、統計解析など高度な数学を駆使します。

ただし、実際に計算するのはコンピュータなので、必要なスキルはいわゆる数学のイメージとは異なります。計算の速さや正確さはほとんど重要ではありません。それより本質的なことを理解して、それをコンピュータに命令（プログラミング）することができないと、仕事を進めることはできないのです。

正直、大学で学んだ数学には、今となればあまり学ぶ必要が無いと思うところもありました。メリハリをつけて学べば、もっと効率的に学べたと思うのですが、当時は重要な部分とそうでない部分の区別がつかなかったので、うまく進められなかったのです。

数学の世界で迷っている時には、自分が何をしているのか理解できませんでした。でも、今のような位置にいると、その意味や目的がはっきり見えます。この本ではそんな、大学の低学年で学ぶ数学の意味や目的をお伝えしたいと考えています。

特に数学以外の理学系や工学系など、数学自体を研究するのではなく、道具として使う方にはお力になれる一冊だと確信しています。

本書を読むと、意味が取りにくい大学数学の道筋が見えてきます。何よりも、わからないところがあっても、必要以上に不安になることがなくなります。そんな心の変化が起こることをお約束します。

本書は3章構成になっています。

第1章はなぜ大学の数学は難しいのか？　そんな難しい数学にどのように取り組んでいけば良いのか？　そして、研究や仕事を始めた時に「役立つ数学」とはどのようなものなのか？　について説明します。

大学の数学は本当に広大な世界です。第1章ではその世界に臨む上での心構えをお伝えします。具体的な例を多く入れながら説明していますので、スムーズに理解して頂けると考えています

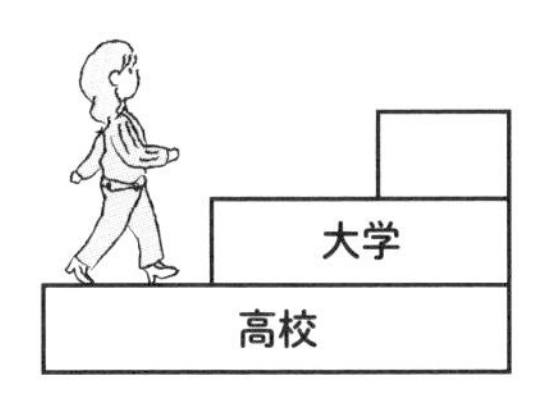

第2章は大学数学を学ぶステップとして、高校数学について見直します。

高校数学は思ったより高度なもので、これを完全に理解していれば大学数学の理解もかなり楽になります。

ただ高校での数学は、どうしても試験で点数を取ることが目的になっていると思います。ですから、さらに進んだ数学の基礎として重要な部分がおざなりになることが多いのです。後の数学に繋げるという視点で高校数学をもう一回学んでみましょう。

最後の第３章はいよいよ大学数学の項目に移ります。ここでは大学で習う数学の目的や大局について示しています。

大学の数学の教科書は証明が中心の「数学のための数学」になっていて、「そもそもこれって何が目的だったの？」が見えなくなることが多いです。ですので、目的や意味がわかるように配慮しています。

できれば第１章から通して読んでもらいたいですが、テストの前など時間が無い方は第３章の、いま困っているところから読んで頂いても良いかもしれません。

この本は流れをつかむことに焦点を置いているので、証明や本筋に遠いところの説明を省いている部分もあります。細かいところが確認したくなった時には、あなたが大学で使っている教科書で確認してみて下さい。

細かく厳密に説明することも大事ですが、私としては重要でない部分を省き、大事なことがより引き立つようにすることも価値だと考えています。

この本を読んだ後だと、大学の教科書の理解がはるかに楽になることでしょう。

それでは、第１章に進んで下さい。大学数学がなぜ難しく感じるのか、そしてどういう風に学べば良いのか、ということからお伝えしたいと思います。

令和５年７月

蔵本貴文

CONTENTS もくじ

第1章 なぜ大学数学は難しいのか

$v_1, v_2, \cdots, v_m \in V$が「一次独立である」とは：

$\sum_{i=1}^{m} c_i \boldsymbol{v}_i = 0$から$c_1 = c_2 = \cdots = c_m = 0$を導けること

第2章 高校数学の学びなおし

第3章 大学数学の学び方

大学数学
↓
統計にも役立つ
↓
社会に出てから
武器になる

第1章

なぜ大学数学は難しいのか

大学の数学が難しい理由

この本の読者の多くは、理系の大学に進学した方々でしょう。ですから、高校までは数学という科目に相当自信を持っていた方が多いのではないでしょうか？

しかし、そんな方でも多くが大学の数学に面食らいます。今までのように勉強を進めることが難しくなってしまうのです。

私もその一人で、高校時代には専門的に数学を学ぶことも視野に入れていたのですが、１年の線形代数の時点でその選択は捨ててしまいました。

なんといっても「数学語」ともいえる教科書の記述に慣れなかったことがあります。数学のはずなのに、数字はあまり出てきません。その代わりに現れるのは、ギリシャ文字と奇妙な記号……（∀、∃、∈）。目がくらみそうになります。

このように大学に入ると数学が難しくなる原因は大きく３つあります。

1．大学の数学は高度に抽象化されているから

2．定理の証明に重点が置かれ、意味や目的があまり語られない

3．わかりやすい参考書が少なくなるから

１つ目は大学の数学の見た目に関わることです。大学の数学になると数字が出てこずに、ギリシャ文字や奇妙な記号が多くなるのは理由があります。

それは内容を**抽象化**させることです。物事を抽象化することによって、より深い思考ができたり、新たな発見があったりします。

しかしながら抽象的な表記は、やっぱり初学者にとってはハードルが高くなってしまいます。これが大学の数学が難しい1つの原因になります。

例えば一次独立に関しても、高校のように2次元や3次元ベクトルで示してくれるとまだわかりやすいですが、大学数学になると n 次元に抽象化するので、途端にわかりにくくなります。

高校の一次独立
（2次元）

2つのベクトル $\vec{a}$ と $\vec{b}$ を使い、平面上の任意のベクトル $\vec{p}$ を $m\vec{a}+n\vec{b}$（m、n は実数）と表せる時、ベクトル $\vec{a}$ と $\vec{b}$ は一次独立という。

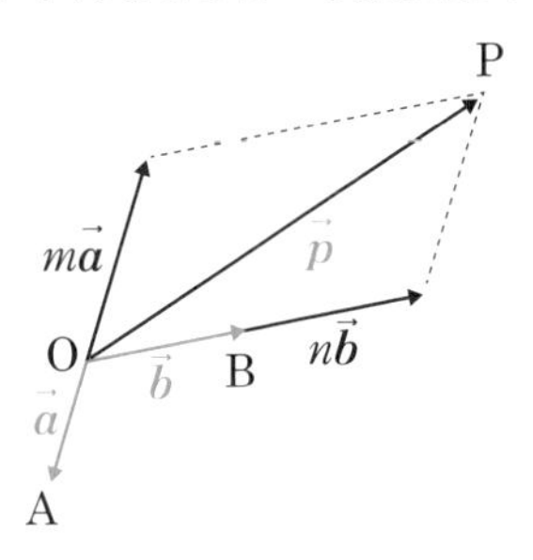

＊大学以降の数学ではベクトルを $\vec{a}$ のように矢印で表現するのではなく $\boldsymbol{a}$ のように太字で表現するのが一般的です。

大学の一次独立
（n 次元）

$v_1, v_2, \cdots, v_m \in V$ が「一次独立である」とは：

$\sum_{i=1}^{m} c_i \boldsymbol{v}_i = 0$ から $c_1 = c_2 = \cdots = c_m - 0$ を導けること

つまり、短い、記号が多い、図がない、ということです。これが抽象的で、大学の数学が難しい大きな理由の1つです。

ただ、抽象的に考える力を身につけられることは、数学を学ぶ大きなメリットでもあるので、ぜひ身につけて欲しいと思います。どのように考えれば数学の抽象化した思考を身につけられるかは、本書を読めば見えてくると考えています。

２つ目は大学の数学では定理の証明に重点が置かれ、その定理の使われ方や意味が語られないことが多いことです。そして、証明は意味を示すことよりも**簡潔さ**と**厳密さ**が求められます。ですので、証明が理解できたとしても意味がわからずにモヤモヤしてしまうことが多いわけです。

これは高校の数学でも言えることですが、数学は**美しさ**を追求する学問でもあります。数学での美しさとは論理の簡潔さを意味します。

数学が発展する中で人間らしい試行錯誤はあったはずです。しかしながら、記述する時には、それらが一切取り払われて論理的に厳密かつ簡潔な方法で記述されています。これが初学者の頭には理解しづらいのです。

また、厳密さを追求する数学の性質上、仕方がないことではありますが、99.99% の場合よりも、0.01% の**例外**に 99.99% の力を注ぎます。ですので、数学を実際に使う時の優先順位が見えにくいことも問題です。

最後の理由は「わかりやすい参考書が少なくなる」ことです。

逆に言えば、高校まではまだわかりやすい本があったといえます。その原因は「受験」の存在にあります。受験は商業的に価値が大きいため、学生に少しでもわかりやすく伝えて、問題が解けるようになってもらうモチベーションが働いています。一言でいうと、わかりやすい参考書を作ると儲かるということです。

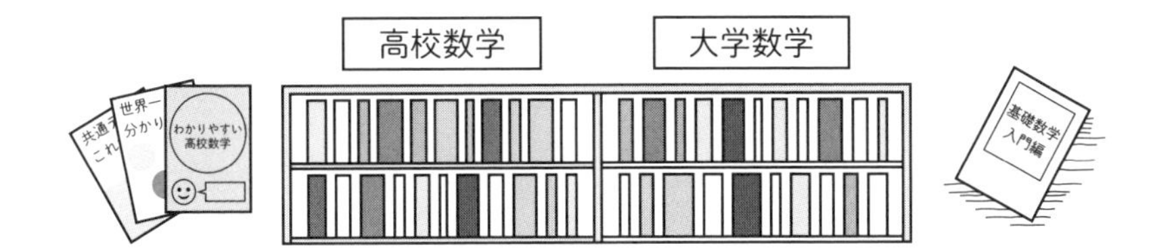

大学数学になると、教科書の作り手から見れば商業的なモチベーションが低くなります。つまり、わかりやすい本を作っても儲かりません。だから、わかりやすい本が少なくなってしまうのです。

大学の教授は教科書を書きますが、本質的に教授は研究する人で、わかりやすく伝える人ではありません。だから、予備校の先生のようにわかりやすい説明は望めません。

この問題に関しては本書が少しでも学生の役に立ってくれれば、と思っています。

高校の数学と大学の数学の違い

次に大学の数学と高校の数学の違いについて見ていきましょう。

まず、高校の数学の目的ですが、これは「試験で点数を取るため」であることは明らかでしょう。きれいごとを言っても、大学入試という目的に向けて、ペーパーテストで点を取ることが高校数学の目的であることを否定できる人はいないと思います。

そのように考えると、高校までの数学は以下のような特徴があります。

使えるものは自分の頭だけ

（他のものを使うとカンニング）

試験の問題を解く時に使えるのは自分の頭だけです。パソコンやスマホの使用は認められていません。例外的に使えたとしても電卓くらいのものです。

試験時間中に頼れるものは何もありませんので、自分の頭と手だけで答えを出す必要があります。

短い時間で答えを出す必要がある

試験の時間は長くても２時間ほどです。これほど短い時間で出された問題を解き切らなくてはなりません。

計算をスピーディーに行うこと、そしてケアレスミスをしない注意力が大事になります。じっくり考えていては遅すぎて、反射的に手が動くまで練習した人が勝者になれます。

逆に、数十分の時間で解ける問題しか出題されないという制約が現れることにもなります。

 答えが明確に１つに定まる 

数学の計算問題では計算結果が１つに定まります。逆にその正解以外の答えは誤りとなってしまいます。正解と不正解が明確に定まる問題が出題されます。

逆に明確に定まらない問題は出題されません。これは問題にも制限がかけられます。例えば高校数学の三角関数は$0, \frac{\pi}{6}, \frac{\pi}{4}, \frac{\pi}{3}$とそれらの$\frac{\pi}{2}$倍の数しかでてきません。簡単に計算ができる三角関数はこの角度くらいしかありませんので。

なお証明問題では解答は複数ありますが、「だから命題は正しい」という結論は同じです。

 問題に間違いはない 

例えばテストで「○○を証明せよ」という問題が出題されていれば、その○○は絶対に証明できます。そうでないと問題にならないからです。

入試問題で問題に誤りがあると、大学の受験責任者が謝罪をすることになります。だから、間違いがないか特に注意深くチェックされるでしょう。

解答に至る道筋はいくつかあるでしょうが、模範解答が存在していて、必ず何らかの結論を出すことができます。

それでは大学における数学とは何なのでしょうか？

もちろん大学でも単位認定の試験はありますし、大学院に進学する時に入試もあるでしょう。ここでの数学は高校数学に近くなります。

しかし本書では、大学の研究や卒業して仕事をする時に使う数学という視点で考えてみます。

コンピュータや他人の力を使って良い

研究や仕事ではコンピュータを使うことができます。その場合は単純計算を任せられるので、コンピュータにうまく指示をする（プログラミングする）能力が重要になります。

また、その問題を解ける人を知っていれば他人に頼ることも可能です。しかし、これは数学力とは全く別の能力になりますので、本書ではこれ以上触れません。

時間はたくさんある

多くの場合、研究や仕事では１週間などと、解決のためにまとまった時間が与えられます。もちろん急ぎのこともあるでしょうが、少なくとも試験のように数時間であれほど大量のアウトプットを求められることはないでしょう。

さらにコンピュータに計算させたとしても、数日とか数か月かかる大規模な問題を解く場合も珍しくありません。

答えが１つに定まらない問題もある

実際に数学を使う際には、対象は文字式でなく数値です。厳密な解が求められることはむしろまれです。だから、近似のテクニックを駆使することになります。つまり答えが１つの数字に厳密に定まりません。

影響が小さいことさえわかれば、それ以上計算の必要はなく「無視して良い」場合も多いです。

問題が間違えている場合が多い

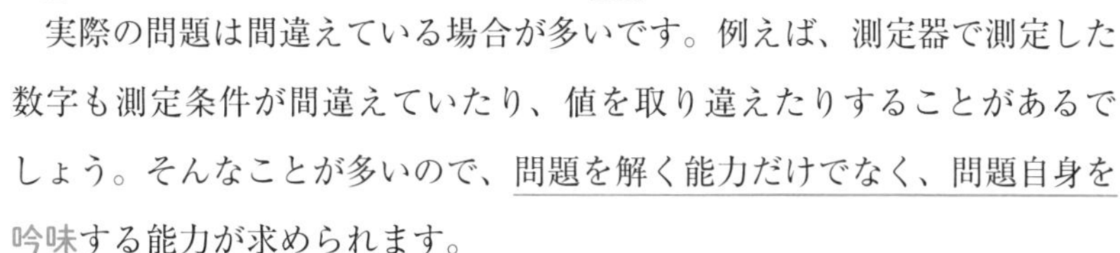

実際の問題は間違えている場合が多いです。例えば、測定器で測定した数字も測定条件が間違えていたり、値を取り違えたりすることがあるでしょう。そんなことが多いので、問題を解く能力だけでなく、問題自身を吟味する能力が求められます。

大学の数学と高校の数学はこのような違いがありますので、そもそもアプローチの方法が違ってきます。大学の数学で、高校のように練習問題を解く機会が少なくなって不安に感じる人もいると思います。でも、それはそういうものなのです。

逆に試験問題が解けたとしても、その本質を理解していない方が多いのも現状です。高校数学で微分や積分の問題が解けたとしても、それらの本質を理解できる人はわずかだと思います。

例えば、$f(x)=x^2$ という関数の微分や積分ができたとしても、物体の速さと時間の関係が数値で与えられて、それを微分したり、積分したりすることができるでしょうか？　大学ではその種の理解が求められるのです。

役に立つ数学とは？

数学で勉強するのは数式ですが、実際の世界では**数式**より**数値**を扱うことが多くなります。だから、役に立つ数学を身につけるためには、数値の扱い方を勉強することが大事になります。そして、数値を扱う場合は、コンピュータを使うことになります。

だからある計算を行うプログラム（アルゴリズム）を作りながら勉強することは良い学びになることでしょう。

例えば**連立方程式**を解くプログラムを作ってみて下さい。

まずは変数が２つの場合を考えてみましょう。それほど難しくはないはずです。

$$ax + by = e \quad \cdots \quad (1)$$

$$cx + dy = f \quad \cdots \quad (2)$$

(1)×d−(2)×b として

$$\begin{array}{rl} & adx + bdy = de \\ -) & bcx + bdy = bf \\ \hline & (ad - bc)x = de - bf \end{array}$$

ここから下のように求められる。

$$x = \frac{de - bf}{ad - bc} \qquad y = \frac{af - ce}{ad - bc}$$

だから、連立方程式の係数 a, b, c, d, e, f から x, y を計算するプログラムは簡単に作ることができるでしょう。

実際のところ、これでほとんどの場合は困りません。しかしながら、これだけでは不十分です。ほとんどの場合はちゃんと動いても、まれにエラーで止まることに気づくと思います。

つまり、$ad-bc=0$ となる場合です。この場合は答えが存在しなかったり、無数に存在したりすることがあります。ですから、完全なプログラムを書こうとすると、この場合の配慮も必要になるわけです。

このように連立方程式を解くプログラムを書くことで、行列の行列式、階数の意味を理解することができるでしょう。

数値を扱うこと、プログラムを書いてみることで学べることは多いのです。

さらに進んで勉強したい人には統計がお勧めです。ビッグデータの解析や機械学習に数学が用いられていますが、これらは行列や微積分をフルに活用する必要があり、高度な数学が必要になります。

ここで簡単な例でも良いので、自分で解析するプログラムを作ってみると良いでしょう。まだプログラミングに慣れていないのであれば、Excel 等の表計算ソフトで計算させてみるだけでも良いです。

他にも本書の第3章の数値解析の部分を読んで、物体の時間と速さの関係を微分したり積分したりしてみて下さい。また、簡単な微分方程式を数値的に解いてみるのも良いでしょう。

数学は文字式を使って抽象的に考えますが、実際の数字を扱ってみると実に色々なことが見えてきます。本書に普通の数学の本では題材にされにくい数値解析の話を含めたのもそのためです。

大学の数学はとにかく抽象的に書かれていますが、「役に立つ」という意味ではその抽象的なものを具体化する必要があります。ですから、最初に理解する時にはそれをとにかく具体的なものに置き換えることです。具体化の最たるものが、数値計算といえると思います。

多くの具体例を通じて、その示すべきものを理解します。その後に、それを抽象化してみるわけです。この順序が大事です。具体と抽象を行き来することによって、最終的に抽象化という数学の力がいかに問題解決に役立つかを感じることができると思います。

数学の３つの性質

数学という学問は他の学問と比べて、極端な部分が多いです。

その性質は**拡張・厳密・簡潔**という３つの言葉で表されます。高校数学までででも数学のそんな性質はちらちらと見えるものですが、大学数学になるとその性質がさらに顕著になってきます。

１つ目の「拡張」は、数学はあるものを拡張していく性質があるということです。

例えば三角関数は最初は三角比として定義されます。ですので、$0<\theta<90°$ の値しか取れないはずです。でもご存知のように、三角関数として θ を全ての実数にまで拡張してしまいます。

指数関数も同じです。指数は最初は自然数しか取りませんでした。指数とはその数をかける「回数」なのですから、自然数でしか意味がないのは当然のことです。しかし、数学ではこれも拡張して全ての実数にまで拡張します。

高校数学では全ての実数まででしたが、大学の数学ではこれが複素数にまで拡張されます。そして、さらに進んだ数学では、変数がベクトルや行列にまで拡張されていったりもします。

さらに物事を抽象化することも拡張に繋がっています。例えば、２次元や３次元だけでなく n 次元でも成り立つ形を考えます。抽象化することによって、定理を拡張しようとしているわけです。

このような性質はただ好奇心を満たすものに留まることもあります。しかしそれが新たな世界を開くことにもなるのです。

例えば、解析力学と呼ばれる物理理論は、当初は数学者がニュートンの運動方程式を数学的にこねくり回しているだけでした。しかし、その数学的理論が後に現れる量子力学の土台となっていくのです。

また、リーマン幾何学は当初は数学者が紙の上で作ったものにすぎませんでしたが、後ほどその数学理論にアインシュタインの相対性理論が乗っかることになります。

ですので、数学理論の展開は世の中を発展させる礎となることもあるのです。当然、数学者はそんなことを狙っていたのではなく、ただ自分の好奇心や美的感覚に従っただけだと思いますが……。

このように数学には「拡張」という力が働いていることがわかると、流れがつかみやすくなると思います。

２つ目は「厳密」ということです。数学は人間の作った学問の中で最も厳密なものです。逆に言うと数学以外の学問は厳密ではないのです。

例えば、「暑いとアイスクリームが売れる」「アイスクリームが売れるとコンビニが儲かる」という論理があったとします。これらはもっともらしい話ではありますが、例外も多くあります。

暑くても様々な要因でアイスクリームが売れるとは限らないし、アイスクリームが売れてもコンビニが儲かるとも限りません。ですから、この理論を繋げた「暑いとコンビニが儲かる」という論理にはほとんど説得力はありません。

科学の法則はこれよりだいぶ厳密にはなります。しかしながら、例えば物理法則で 99% 成り立つ法則があったとしても、それを 100 個並べると 0.99^{100} でおよそ 0.366、つまり 37% 程度でしか成り立たなくなります。

半面、数学で証明された定理は完璧です。どんな例外もありません。ですから、数学の論理を1000個並べようが、10000個並べようが数学的な推論から導かれた結論は100%成り立ちます。これが数学の力強さになります。

ですから、経済や物理の現象であっても、一度数学の世界に持ち込んで論理展開しようとするわけです。数学的に解析すると、論理が劣化しないので便利なのです。

論理の完全性のイメージ

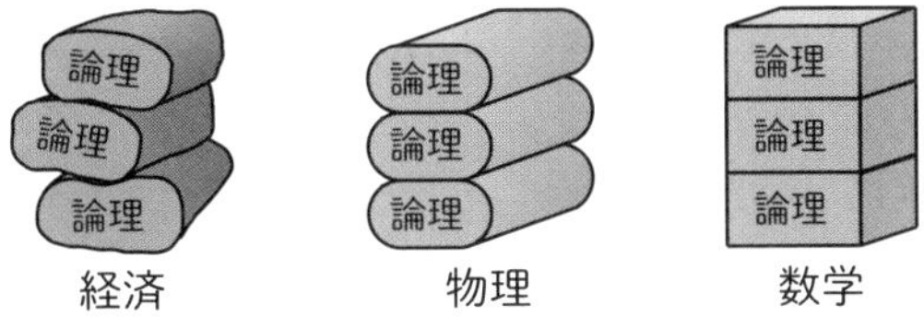

ただし、数学の世界ではその100%の絶対さを追求するために議論が難解になってしまいます。例えば極限は「限りなく○○に近づく」の理解でほぼ問題ないのですが、ごく少数の例外に対応するために$\varepsilon-\delta$論法といった議論をします。

もちろん、最終的にはこの細かい議論まで理解するべきではあるのですが、初学者が細かい議論に入ると挫折してしまうでしょう。ですから、まずは例外を忘れて全体の構造を見渡してから、細かい例外の議論に入ることをお勧めします。

最後に「簡潔」です。数学には美意識が存在しています。

ただし、美術の美意識のように複雑で、わかる人にしかわからないものではありません。数学における美意識とは、一言で「簡潔」であるということです。

数学を学ぶと妙な記号が多く登場します。この多くは記述を**単純化**するために存在しています。

例えば物理法則になりますが、下に電磁気学の基礎方程式である**マックスウェルの方程式**を示します。示すことは同じですが、**微分形**はシンプルで、**積分形**は微分系より情報量が多いことがわかるでしょう。

この場合、わかりやすいのは積分形なのですが、好まれるのは微分形になります。なぜならばシンプルだからです。

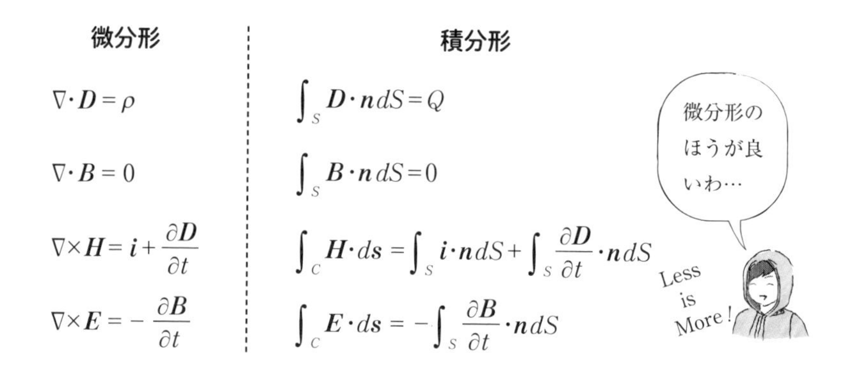

このように数学はわかりやすさよりも、美しさを優先することがしばしばあることを意識しておいた方が良いでしょう。

大学で数学を学んでいると「なぜ、こんな妙なことを考えるのだ？」と感じる場面が多くなると思います。多くはその背景に、これらの**拡張**、**厳密**、**抽象**が絡んでいます。それを意識すれば、無味乾燥に思える数学にも、意思が存在していることを感じられるのではないでしょうか。

これからその例として３つのお話を紹介します。１つは「０で割ること」２つ目は「極限と $\varepsilon-\delta$ 論法」、３つ目は「無限の扱い」です。理路整然とした数学にも、人間が試行錯誤した跡があることがわかるでしょう。

数学界の絶対的なルール「0で割ってはいけない」

1997年9月21日、米軍海軍の巡洋艦ヨークタウンの航行中、艦のコンピュータのデータベースに0という値が入力されました。

その瞬間、艦のコンピュータでエラーが発生し、全てのコンピュータが停止します。その結果、ヨークタウンは航行不能に陥ったのです。

これは操作ミスだったようですが、軍隊のコンピュータなので、誰かが意図的に攻撃を加えたとしたら……。まさに爆弾なみの破壊力を持つ演算が「0で割る」ことなのです。

試しに電卓で0で割る演算をしてみて下さい。表示がエラーになることでしょう。

プログラムを組んで計算してみても、0で割るわり算を実行した途端、エラーでプログラムが停止することがわかると思います。0で割ることはあまりにも恐ろしいことなので、コンピュータは0で割っていないか常に監視していて、検知したとたんそのプログラムを強制終了させるのです。

このように数学の世界では0で割ってはいけないことは**絶対的**なルールです。

ここまで「**数学は拡張する学問**」ということをお伝えしてきました。ですから、数学は果敢に数字を拡張することに挑戦します。

例えば**虚数 i** という $i^2=-1$ を満たす数があります。言うまでもなく、そんな数は数直線上には存在しません。しかし、数学はそんな数を考えて、**数直線**を**複素数平面**に拡張して、新しい世界を作ります。

一方、数学では0で割ることは認められていません。でも、別にそんな数があってもおかしくないはずです。なぜ、数学はそこに挑戦しなかったのでしょうか？

つまり、$\frac{1}{0}=1z$　$\frac{2}{0}=2z$　$\frac{a}{0}=az$ というゼロの除算単位である z を使って、「0で割ることを商0単位 z を使って表現する」という数があっても良いはずです。

何といっても、存在するはずのない2乗して負になる数を生み出すくらいです。そんな z があってもべつにだれも驚かないでしょう。

もちろん、それが許されるのであれば、数学はそんな数を考えたことでしょう。

でも、そんな数を認めてしまうとこんなことが起きてしまうのです。

まず、$x=y$ とする。	
この式の両辺に x を掛けて	$x^2=xy$
この式の両辺から y^2 を引いて	$x^2-y^2=xy-y^2$
因数分解すると	$(x-y)(x+y)=y(x-y)$
両辺を $x-y$ で割って	$(x+y)=y$
この式に、$x=y$ を代入すると	$2y=y$
両辺を y で割って	$2=1$

つまり論理的に「2＝1」が証明できてしまいます。このように0で割ることを許してしまうと、既存の数学の体系が完全に破壊されてしまうのです。これが数学がどこまでも0で割ることを許さない理由です。

このように、数学の世界では「0で割るのは禁止」というルールは絶対的で、逆らうことはできません。しかし数学は、なんとしても0で割ることに近づきたいと考えます。その結果として現れたのが、高校でも学習する極限です。

極限の大きな目的の1つは「0で割るのは禁止」という数学の絶対的なルールに対してアプローチすることです。

例えば次のような関数があった時には、$x=0$ の時、分母が0になってしまうので、値は存在しません。

$$f\left(x\right)=\frac{\sin x}{x} \quad f(0)\text{は存在しない}$$

しかしながら、0になるのはダメでも、「限りなく0に近づく時に何に近づくか？」ということは考えても良くて、その値が1となるわけです。

$$\lim_{x\to 0} f\left(x\right)=1$$

高校で極限を学んだ時、「なんでこんな奇想天外なことを考えるのだ？」と不思議に思った人が多いと思います。その理由は数学が「0で割る」ことにアプローチするため、と考えると少しは気持ちが理解できるのではないでしょうか。

$\varepsilon-\delta$ 論法がなぜ必要なのか？

極限は高校レベルでは「限りなく近づく」と教えられます。

しかし、これは感覚的にも「数学っぽくない」と感じられるのではないでしょうか？　数学ではどんなことも厳密に定義するはずなのに、この曖昧さは何となくモヤモヤするかもしれません。

ただし、その定義でも別に問題はないように思えます。

例えば、「関数 $f(x)$ が $x=\alpha$ において連続である」とは、極限を使って下のように表現されます。

関数の連続性の定義

関数 $f(x)$ が定義域内の点 $x=\alpha$ において連続とは、

$$\lim_{x\to\alpha} f\left(x\right)=f\left(\alpha\right)$$

が成立することである。

つまり、極限が存在していれば連続であるということです。例えば、次のような三次関数のグラフは明らかに全ての実数 x において、極限が存在します。つまり、連続というわけです。

ここで「連続」とはグラフが繋がっていると言い換えても問題はありません。通常はその理解で十分です。

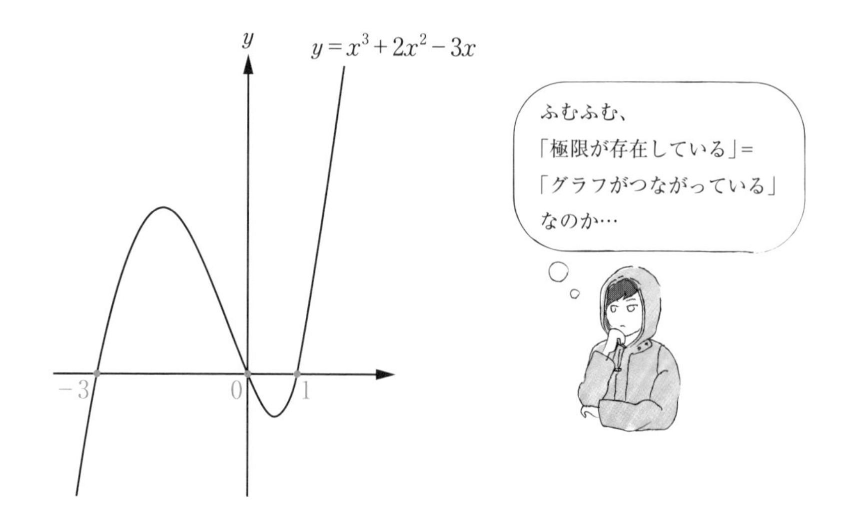

連続を理解するためには、連続な関数より、不連続な関数を考えた方がわかりやすくなります。例えば$f(x)=\frac{1}{x^2}$という関数を考えてみます。

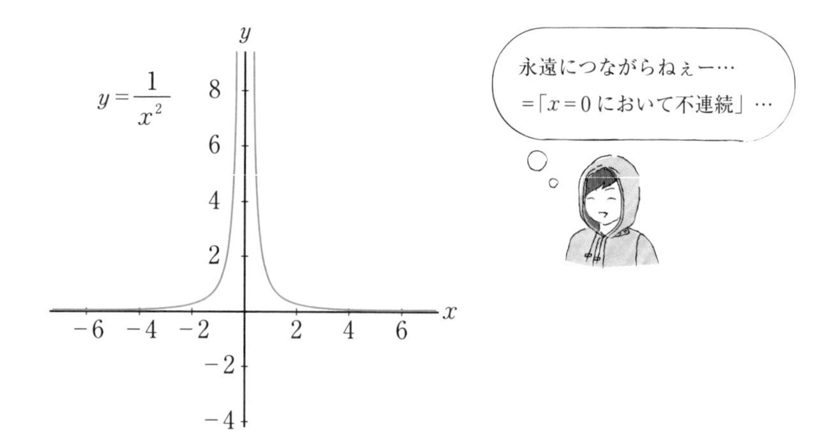

この関数$f(x)$は$x=0$において不連続です。なぜならば、$f(0)$が存在しないからです。分母が0になっても極限を考えることはできますが、$\lim f(x)$は$x\to 0$において∞に発散しています。これはグラフを見ても

明らかでしょう。

次に、こんな関数を考えてみます。[　]はガウス記号といって、xの整数部分だけを取り出した、つまり小数部分を切り捨てる関数です。

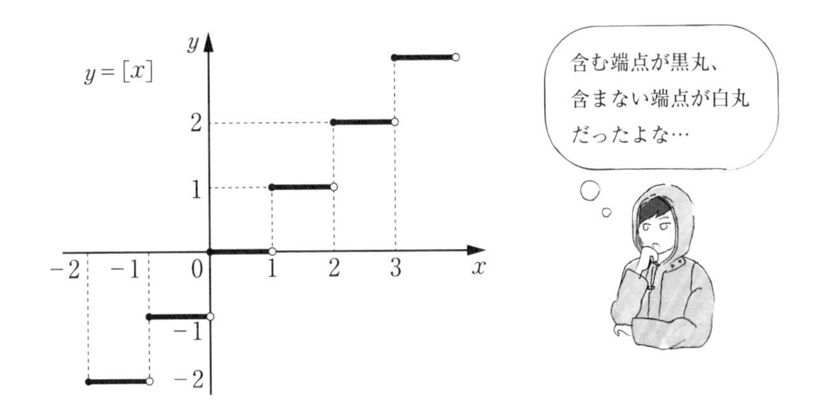

この場合、例えば$x=1$において、小さい方から近づく（左側極限）は0となり、大きい方から近づく（右側極限）は1となります。だから、$x=1$において極限は存在せず、連続ではありません。

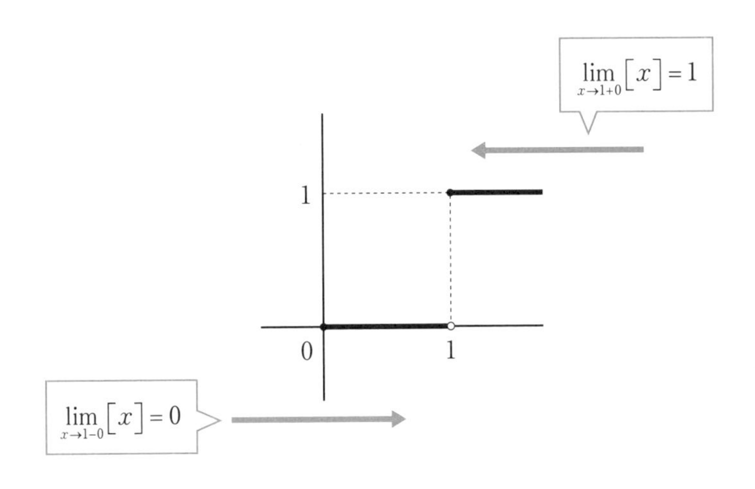

ここまで極限の定義は「限りなく近づく」で何の問題もありません。

しかしながら、数学という学問は完璧を求める学問です。どんな関数でも極限を定義しようとします。そんな数学はとても奇妙な関数を持ち出してきます。

その1つがディリクレ関数です。このディリクレ関数は有理数を入れると1、無理数を入れると0を返してくる関数です。式で書くと、極限と三角関数を使って、下式のように表されます。

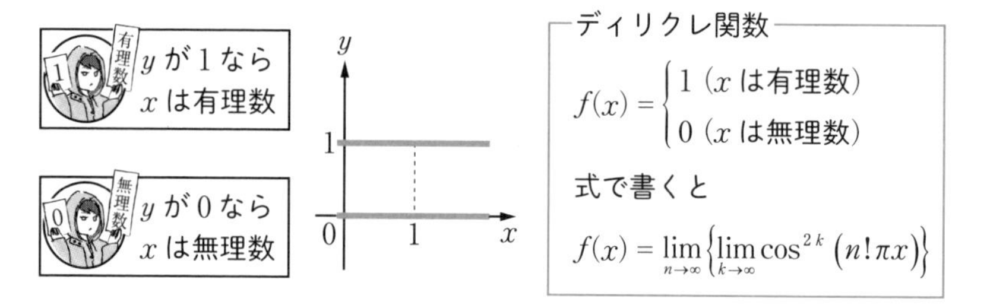

この関数は全ての点で不連続です。なぜならば、どんな2つの有理数の間にも無理数は存在するし、どんな2つの無理数の間にも有理数が存在するからです。

もちろん、こんな関数で表される事象は現実には存在しません。ですから、数学を「使う」時にはこんな奇妙な関数を考える必要はありません。

しかしながら、こんな奇妙な関数を考えた時、極限を「限りなく近づく」と定義していては連続がうまく定義できません。この関数のグラフは上の図のようになり、一見つながっているように見えてしまいます。でも、連続ではないはずです。

そこで数学は、「こんな奇妙な関数においても、『この関数の極限は存在しない』と明確にできるための極限の定義とは何だろう？」と考えるわけです。

そこで現れるのが、$\varepsilon-\delta$論法となります。

$\varepsilon-\delta$論法による関数の極限の定義

任意の正の実数εに対して、ある正の実数δが存在し、

$$0<|x-a|<\delta \text{ ならば } |f(x)-A|<\varepsilon$$

が成り立つことを、$\lim_{x \to a} f(x)=A$と表す。

少し難しいかもしれないので、例を挙げて説明します。

例えば、$f(x)=\frac{x^2}{x}$という関数を考えてみましょう。この関数は$x=0$で分母が0になるので定義されません。つまり$f(0)$は存在しないので不連続です。

しかし、$x\to 0$の極限は存在しています。xが0に近づく時に、$f(x)$は0に近づくからです。

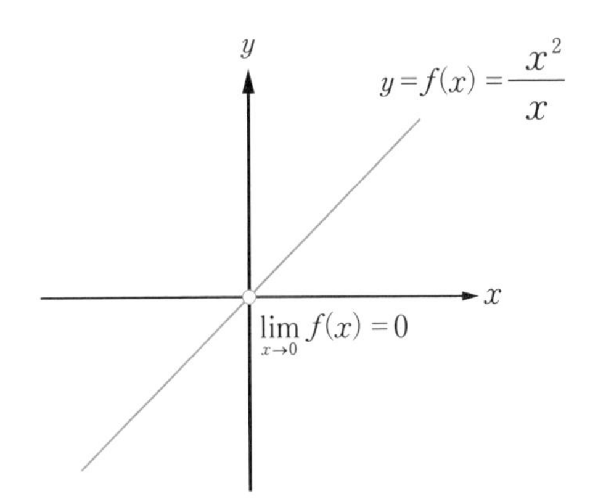

ここで $\varepsilon-\delta$ 論法で $x\to 0$ の極限を考えてみましょう。ある ε（例えば0.5）を考えた時に、ε より小さい δ（例えば0.4）を考えると、$0<|x|<0.4$（$0<|x-0|<\delta$）において、$|f(\delta)|<0.5$　（$|f(\delta)|<\varepsilon$）が成り立ちます。どれだけ小さい ε を考えても、それより小さい δ は存在しますので、$x\to 0$ における $f(x)$ の極限は存在すると言えます。$f(x)$ は $f(0)$ で不連続ですが極限は存在するわけです。

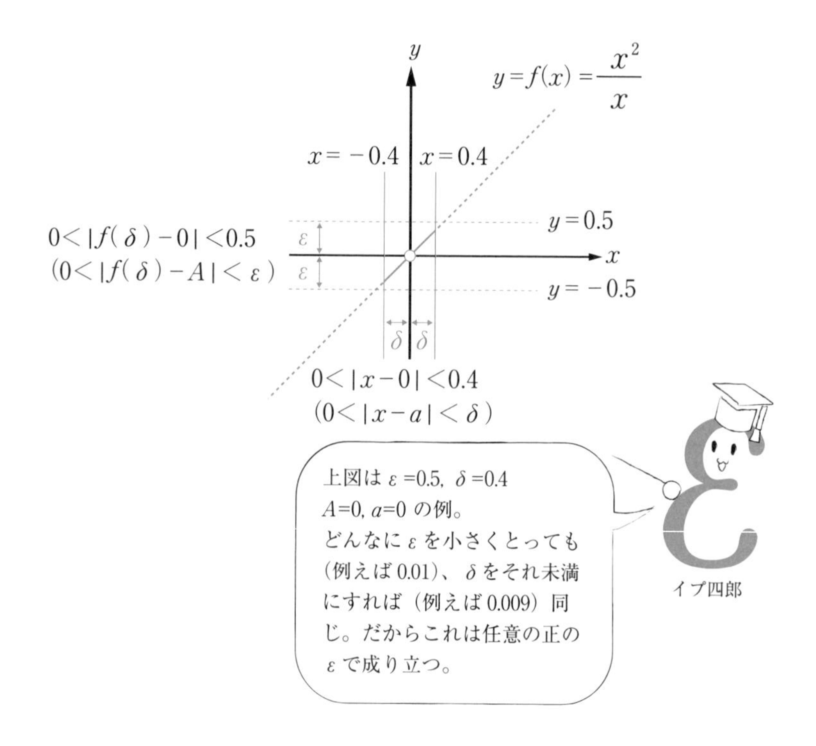

一方、先ほどのようなガウス関数では、x が整数の点では不連続ですし、極限も存在しません。

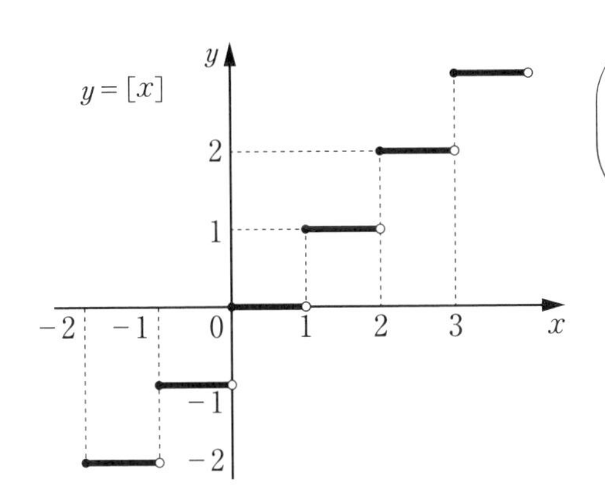

同様に$\varepsilon-\delta$論法で$x\to1$の極限を考えてみましょう。あるε、ここでは$\varepsilon=0.5$として考えます。この時、$1-\delta<x<1+\delta$　$(0<|x-1|<\delta)$において、正のδをどれだけ小さくしても$f(1+\delta)=1,\ f(1-\delta)=0$となります。例えば$\delta=0.01$とすると$f(1.01)=1$で$f(0.99)=0$となります。これは$\delta$をどれだけ小さくしても同じことです。

ですから、この区間で$|f(x)-A|$はAを1にしても（下図）、0にしても、他のどんな値にしても0.5より小さくなれません。よって、極限が存在しないことになるのです。

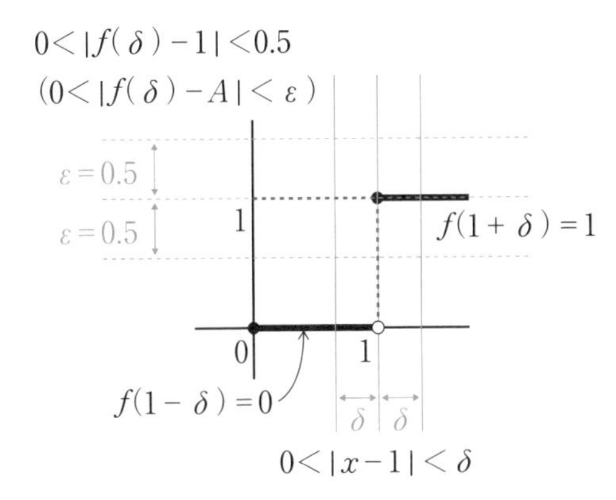

ガウス関数のxが整数の点では
δをどれだけ小さくしても、
$|f(x)-A|$は0.5より小さく
ならない。だから、極限は存在しないことになるよ。

$|f(x)-A|>\varepsilon$

このε－δ論法により「限りなく近づく」ではなく、極限を**厳密**に定義することができるわけです。

ε－δ論法によるとディリクレ関数は全ての x で極限が存在しないことが示せます。例えば、$f(1)$ においては x が有理数だから $f(1)=1$ となるわけですが、どれだけ小さい δ をとっても、その中には無理数、つまり $f(x)=0$ となる x を含みます。だから、ε を小さくすることはできず極限は存在しないと言えるのです。

このように、ε－δ論法はごくごく例外的な奇妙な関数を考えないと必要がないものとも言えるかもしれません。

ただ、このディリクレ関数という奇妙な関数を考えることにより、積分は**リーマン積分**（高校数学で議論した積分）から、**ルベーグ積分**へと拡張されます。ですから、数学という学問としてε－δ論法は意義深いものです。

しかし、数学が専攻の学生以外にとっては実際に専門科目を学ぶために必要な数学、例えば**偏微分**や**ベクトルの微積分**より重視する項目ではないと思われます。まず重要度の高い項目を学んでから、戻ってくるのが良いでしょう。

もちろん、これを面白いと思うのなら、どんどん勉強してみて下さい。そんなあなたには数学の才能があるのかもしれません。

無限なんて現実には存在しない

数学の世界は厳密な世界です。しかし、その厳密さゆえに実際の世界との乖離が生じることがあります。特に「無限」に関わる問題については注意が必要です。

例えば、自然数の中で2の倍数と4の倍数はどちらが多いでしょうか？

どちらも無限個存在するのですが、4の倍数の集合は2の倍数の部分集合ですので、2の倍数の方が多いというのが自然な感覚ではないのでしょうか。

しかし、答えは同じということになります。

その根拠はnを自然数とすると、2の倍数は$2n$と表せ、4の倍数は$4n$と表せます。この時に$2n$と$4n$を1つの組とすると、2の倍数は4の倍数と一対一に対応します。

つまり、2の倍数と4の倍数をペアにするとぴったり一対一となり、あぶれる2の倍数は存在しません。だから、2の倍数と4の倍数の数は同じと考えるわけです。

結果は少し奇妙に感じますが、この論理展開には説得力があります。数学は無限をこのように扱うということです。

また、無限に続く数列を考えると、足す順序において、値が変わるということも発生します。例えば、次のような1と−1を無限に加え続ける無限級数を考えましょう。

$$1+(-1)+1+(-1)+1+(-1)+1+(-1)+1+(-1)+\cdots\cdots$$

単純に考えると、この和は1と−1を繰り返すので、振動して収束しないと考えると思います。

しかし、こんな風にカッコをつけるとどうなるでしょうか？

(1−1)を一組とすると、その値はゼロとなるため、1や0に収束すると考えることもできるわけです。

$$(1-1)+(1-1)+(1-1)+\ldots \quad \rightarrow \quad 0\ (\text{収束})$$
$$1-(1-1)-(1-1)-\ldots \quad \rightarrow \quad 1\ (\text{収束})$$

このように無限を考えると、無限級数を足す順番を変えるだけで、収束する値が変わるという奇妙なことが起こるわけです。

ここまで話を続けてきて、これは数学の上だけで、現実的な現象には関係のない話だ、と感じる方もいるでしょう。しかし、下のような問題も考えられます。

例えば、こんなゲームを考えてみましょう。いくらか参加費を払って、コイントスをします。外れるとそこでゲーム終了です。

当たると1円もらえて次のゲームに進みます。次のゲームでは外れるとそこでゲーム終了、当たると先ほどの倍の2円がもらえて次(3回目)のゲームに進めます。

勝ち続けると4円、8円、16円とどんどん賞金が上がります。負けてしまえば1回のゲームは終わりです。また参加費を払って、次のゲームを始めます。

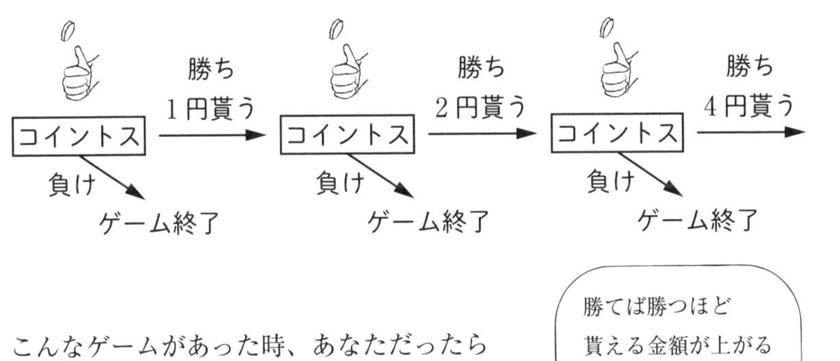

こんなゲームがあった時、あなただったら1回の参加費はいくらまで出すでしょうか？

10円、30円、50円、高くてもこんなところではないでしょうか。

しかし、このゲームの期待値を調べると思わぬことが見えてきます。

1回目のゲームの期待値は50%の確率で0円、50%の確率で1円ですから0.5円になります。そして2回目のゲームの期待値は25%の確率で0円、25%の確率で1円ですから、やっぱり0.5円になります。なお50%の確率で1回目の勝負に負けてしまうので、残りの50%はそもそも2回目のゲームが存在しない場合です。

すると、3回目の勝負の期待値も0.5円、4回目のゲームの期待値も0.5円となります。勝負は負けるまで無限に続けられるので、下のように期待値は∞（無限大）円となるわけです。

$$
\begin{aligned}
(\text{期待値}) &= \frac{1}{2}\times 1+\frac{1}{4}\times 2+\frac{1}{8}\times 4+\frac{1}{16}\times 8+\frac{1}{32}\times 16+\frac{1}{64}\times 32+\cdots\cdots \\
&= \frac{1}{2}+\frac{1}{2}+\frac{1}{2}+\frac{1}{2}+\frac{1}{2}+\frac{1}{2}+\cdots\cdots=\infty
\end{aligned}
$$

期待値が∞（無限大）ということは、この勝負は1回1万円だろうと、100万円だろうとするべき、ということになるわけです。

しかしながら、実際このゲームを参加費１万円でやったとしても、すぐに多額の借金を抱えてしまうことになります。乱数を使うと表計算ソフトでも簡単にシミュレーションができますから、試してみて下さい。

客観的なはずの数学が、このような矛盾を引き起こすことがあるわけです。

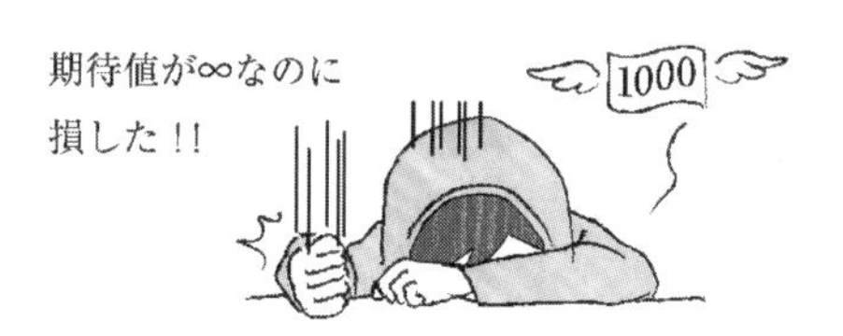

この矛盾の正体は、数学が理想的で厳密な無限を仮定していることにあります。

数学は純粋な無限を仮定しますが、世の中にはそれほど理想的な無限は存在しません。例えば、全宇宙に存在する原子の数といった、人間にとってはどこまでも無限に近い数であっても、数学が仮定する無限にははるかに及びません。

この話から、数学における厳密性とは、ここまで厳しいものだということを感じて頂ければ、と思います。

大学数学を学ぶ時の心構え

本章の最後に、大学数学を学ぶ心構えについて説明します。特に、大学数学につまずきかけている人は、これらのポイントをおさえると、もっと気楽に数学に向き合えると思います。

なお、理学部の数学科で純粋に数学を学ぶ人はこれに当てはまらないかもしれません。でも、そんな方でも数学を違う視点から見つめてみると、新たな発見が生まれると思います。

まず、心構えについて3つのポイントを挙げてみます。

Point 必要になってから学ぶくらいのスタンスで十分

実際のところ、高校数学がしっかり理解できていれば、「基礎」としての数学力は十分と考えても良い気がします。あとは自分の研究や仕事を進めるうえで必要になった数学を学ぶくらいのスタンスで十分です。

明確なカリキュラムが存在する高校数学とは違い、大学以上の数学での過程は大きく広がっています。これを学ぶためには一生の時間をかけてさえ、十分でないかもしれません。

あなたの目的に合わせて、学ぶ事項に優先順位をつけるようにしましょう。

Point 理解できていなくても進んでみる

ある部分を完璧に理解するまで、先には進まないというスタンスは良くありません。実際のところ、多少わからないことがあっても、先に進んでみれば見通しが立って、後で理解できるようになることは多いです。

例えば、私の場合、大学の面積分や線積分を学んで初めて、高校の1変数の積分の意味が完全に理解できた気がします。

ですから、多少つまずくところがあっても、ある程度考えてもやっぱりわからなかったら先へ進んでみるのも手だと思います。

Point 演習問題を解くことに集中しすぎない

高校数学までは問題を解くことが、数学の勉強だったでしょう。大学数学でも演習問題なるものは存在していますが、それが解けなくてもそれほど気にする必要はありません。

大学の単位が取得できて、大学院の入試に合格できる程度に勉強しておけば十分です。それも大学入試の難易度に比べれば、それほど困難ではないと思います。

次に、数学を学ぶ時のアプローチについて５つのコツを紹介します。

★ 具体化して考える

数学の教科書はとても抽象的に書かれています。初学者がこれをそのまま理解することはとても困難だと思います。ですので、実際に数値を当てはめたり、特定の関数で確認してみたり、常に**具体例**に当てはめながら勉強を進めることをお勧めします。

★ 証明にこだわりすぎない

特に証明は最初の段階では理解できなくてもかまいません。まずはこの定理が成り立つんだな、と受け入れましょう。証明よりも具体例を当てはめて、その定理が意味することをしっかり理解する方が大事です。

ただし、証明の中にその定理の意味を知るカギがあることも多いので、ある程度その定理の意味を理解したら、証明もチェックしてみるようにしましょう。

 例外よりも、主要な場合に注目する

数学は厳密な学問ですので、ごくごく少数の例外に注目する傾向があります。逆に主要な例は単純であるがゆえに、教科書での言及は少ない逆転現象が起きます。だから初学者は、意識的に主要な場合を学ぶようにしましょう。

例えば、行列や微分方程式など様々な分野で特性方程式と呼ばれる方程式が登場します。そして特性方程式が異なる実数解を持つ場合、重解を持つ場合、虚数解を持つ場合などに分けられます。こんな時はまず、一番単純な異なる実数解を持つ例を重点的に学ぶようにしましょう。

 実際の数値も扱ってみる

数式だけでなく、実際の数値を扱うことにも挑戦してみましょう。

計算をするプログラムを作ったり、表計算ソフトでグラフを描いてみたりするのも数学への理解を深めてくれます。

 数学の思考パターンに慣れる

この章でも説明しましたが、数学には拡張・厳密・簡潔といった思考パターンが存在します。このパターンに慣れると、数学の思考になじみやすくなります。

数学は頭が固くてやっかいな存在ではありますが、少し頑固な友達と仲良くするような感覚で付き合ってもらえれば、と思います。

このような視点で高校で習った数学を見直してみると、また別の発見が生まれてきます。

次の第２章では、大学数学につながる高校数学の姿について説明します。すでに習ったはずですが、新しい気づきが得られることでしょう。

第2章

高校数学の学びなおし

高校数学の目的、それは明確に「テストで点を取るため」だっただろうと思います。きれいごとを言う人もいますが、それでも目的はテストですよね。

そしてテストの場合、どうしても問題を作りやすい項目と問題が作りにくい項目があります。ですので、高校数学ではどうしても問題が作りにくい項目に割かれる時間が少なくなります。

この章では高校数学を復習しながら、特に授業では詳しく教えられなかったけれど、重要な問題にスコープを当てていきたいと思います。

$f(x)$ とは何か？　（関数）

高校で数学を勉強することになって、唐突に登場するのが関数の $y=f(x)$ という表現です。最初はギョギョっと感じたものの、そのうち見慣れてきてなんとなく使えるようになる。そんな人が多いのではないかと思います。

しかし、大学の数学では変数が複数になったり、逆関数や合成関数や陰関数など少し高度な表現が現れたりします。理解をスムーズにするために、しっかり基礎を固めておきましょう。

関数とは

関数とはある変数を入力すると、ある数が出てくる箱のようなものです。

例えば、1本150円のジュースを売っている自動販売機でジュースを買う本数と値段は関数です。

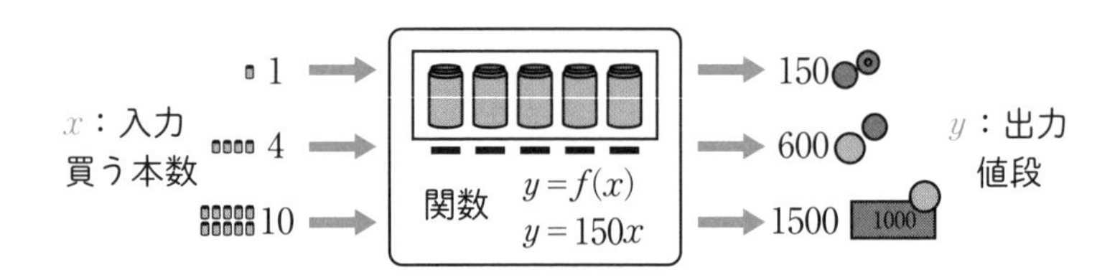

この場合は本数を x、値段を y とすると $y=150x$ と数式で表すことができます。高校数学での関数はほぼ数式でしょう。

しかし、関数は必ずしも数式である必要はありません。例えば、ある時刻 x における A さんの貯金の額 y、これも関数です。当然、人の貯金なんてランダムに減ったり増えたりで、数式では表せません。しかし、これも立派な関数なのです。

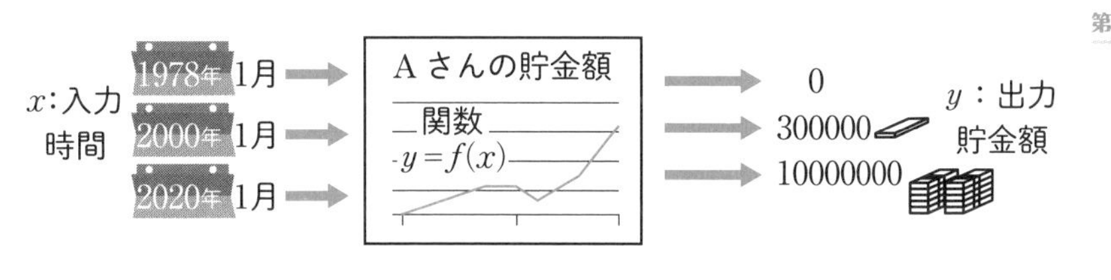

ただ、関数と呼ぶためには大事な条件があります。それは入力に対して、出力がただ1つに定まる、ことです。

先ほどの、Aさんの貯金の場合、2000年時点の貯金額は30万円とただ1つに定まります。このようにある入力を選ぶと、出力がただ1つに決まります。これが関数に必要な条件です。

2001年も2005年も30万円ということはあるでしょう。このようにある出力が複数の入力に対応することは問題ありません。

あくまで入力に対して、出力がただ1つに定まること、これが関数の条件なのです。

ここから、関数を拡張していきます。入力の数字は1つでなくて複数でも問題ありません。例えば、自動販売機で100円の水と150円のコーラが売っていたとします。そこで、水を x 本、コーラを y 本買ったときの値段も関数です。

このように入力の数字が複数ある関数は $z=f(x, y)$ のように表します。変数が何個あっても関数は成立します。

これを多変数関数と呼び、高校では学びませんが、大学では詳しく勉強します。

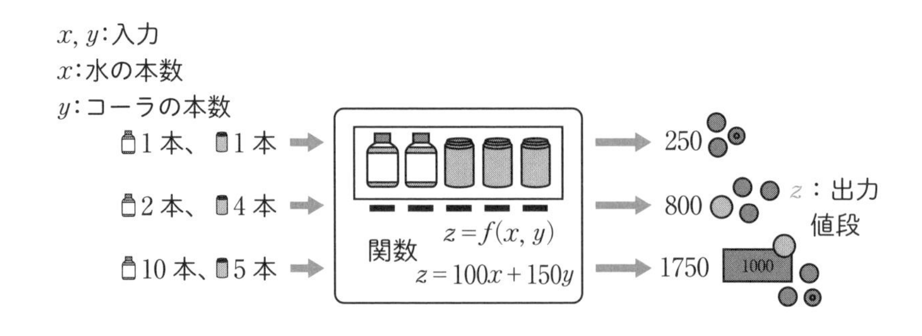

逆関数、合成関数、陰関数

次に少し高度な関数を取り上げましょう。

まずは**逆関数**です。

逆関数は入力と出力を逆にした関数です。さきほど、ジュースを買う本数が入力で、出力が値段の関数 $f(x)$ を考えました。これに対して、「値段は 450 円でした、この時にジュースを買った本数は？」という関数、つまり値段が入力で本数が出力の関数を**逆関数**と呼びます。これは $y=f(x)$ に対して $y=f^{-1}(x)$（エフインバースエックス）と表記します。

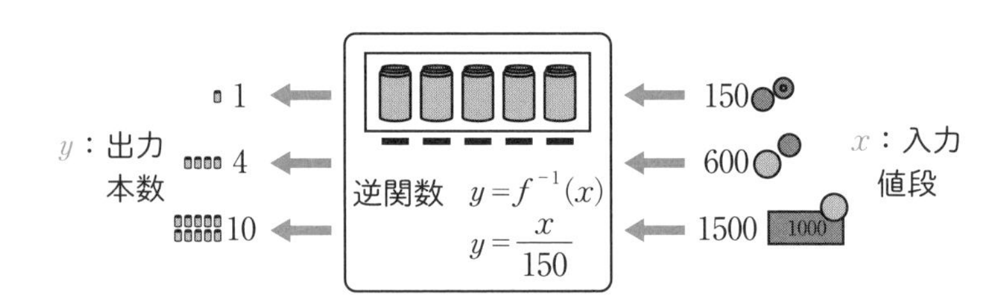

この時、入力の x と出力の y が表すものに気をつけて下さい。つまり、$y=f(x)$ がジュースを買う本数 x と合計金額 y の関数であれば、$y=f^{-1}(x)$ は合計金額 x とジュースの本数 y の関数になります。つまり x

と y の意味することが入れ替わっています。($x=f^{-1}(y)$ と x と y の表すものを変えずに、位置を入れ替えた表記方法もありますので注意して下さい。)

次に紹介するのは合成関数です。合成関数は関数が入れ子になっている関数です。例えば、子ども1人にジュースを3本買うとします。すると、子どもの人数 x に対し、買うジュースの本数は $y=3x$ と表せます。この関数を $g(x)=3x$ とします。

そして、1本150円のジュースを買う本数 y と値段 z の関数を $z=f(y)$ とおきます。

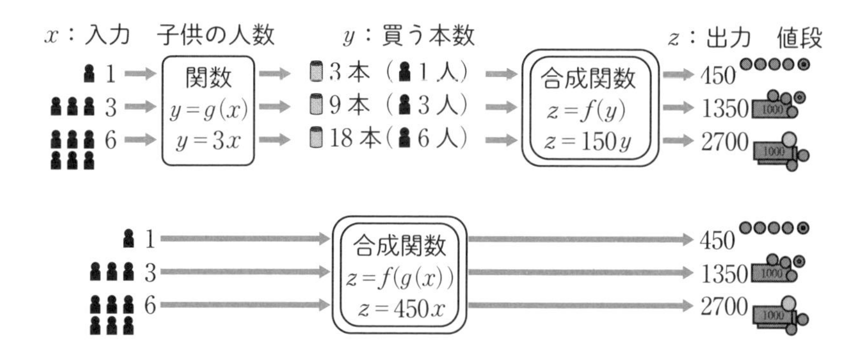

すると子どもの人数 x に対し、ジュースの値段 z を求める関数を $z=f(g(x))$ と表します。合成関数はこのように関数が入れ子になっている関数なのです。

最後に紹介するのが、陰関数です。

これまで紹介してきたような、$y=150x$ や $y=3x$、そして例えば二次関数の $y=x^2$ のように $y=f(x)$ の形で x と y の関係が明示されている関数を陽関数と呼びます。

それに対して、例えば$x^2+y^2-1=0$のように$f(x,\ y)=0$の形でxとyの関係を表しているものを**陰関数**と呼びます。例えば、$x=\dfrac{\sqrt{3}}{2}$であれば、$y=\pm\dfrac{1}{2}$と定まります。このように$f(x,\ y)=0$はxとyの関係を表すものなので、関数に準じた陰関数として扱うのです。

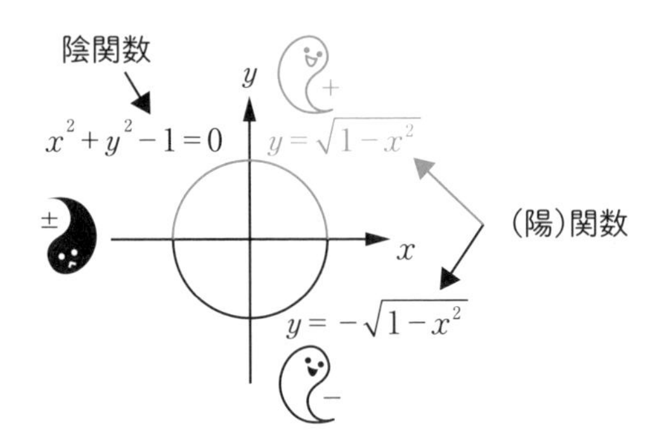

ただし、陰関数は最初に説明した関数の要件を満たさないことがあります。先ほどの$x^2+y^2-1=0$の場合は$x=\dfrac{\sqrt{3}}{2}$のとき、$y=\pm\dfrac{1}{2}$ですからyが1つに定まっていません。つまり1つのxに対してyがただ1つに定まらないので、これは関数とはいえません。

ただ、$x^2+y^2-1=0$を関数(陽関数)の形で表すと、$y=\sqrt{1-x^2}$と$y=-\sqrt{1-x^2}$の2つの式に分かれてしまい、扱いにくくなってしまいます。ですから、できればこのままで使いたいです。そこで$x^2+y^2-1=0$のような関係を陰関数として、関数に準じたものとして扱っているのです。

$f(x)$がわかると因数定理が理解できる

因数定理を覚えているでしょうか？「整式$f(x)$が$(x-a)$を因数に持つこと」と「$f(a)=0$」であることは同値、すなわち「整式$f(x)$が$(x-a)$を因数に持つこと」ならば「$f(a)=0$」だし、その逆も成り立つということです。

xの係数が1以外の場合も考慮し、一般化すると下のようになります。

因数定理

整式$f(x)$が$ax-b$で割り切れるなら、$f\left(\frac{b}{a}\right)=0$
逆に$f\left(\frac{b}{a}\right)=0$なら、整式$f(x)$は$ax-b$で割り切れる。

例 $f(x)=x^3-2x^2-x+2=(x-2)(x+1)(x-1)$ は$(x-2)$、$(x+1)$、$(x-1)$で割り切れる。だから、$f(2)=f(-1)=f(1)=0$

特に難しい内容ではありませんが、因数定理は$f(x)$の意味がわかっていないと理解できません。つまり$f(x)$と$f(a)$の違いが理解できていないと、この意味はわからないのです。逆にその違いを理解できていれば、簡単に理解できるでしょう。

ここで詰まっている高校生は多いように思えます。因数定理がわからないという学生のほとんどは$f(x)$がわかっていないのだろうと考えています。

$f(x)$は例えば$(x-1)(x-5)(x+2)(x+6)$といった数式を表しており、$f(a)$は2とか5とかの具体的な数値を指します。

$f(x)=(x-1)(x-5)(x+2)(x+6)$であれば、$f(-2)=0$となります。だから、$f(x)$は$(x+2)$を因数に持つとわかるわけです。

因数定理と似たような定理で剰余定理があります。これは「整式$P(x)$を$(x-a)$で割った時の余りは$P(a)$となる」というものです。

xの係数が1以外の場合も含めて一般化すると次のようになります。

剰余定理

整式 $f(x)$ を $ax-b$ で割ったときの余りは $f\left(\frac{b}{a}\right)$

例 $f(x)=x^3-2x^2-x+5=(x-2)(x+1)(x-1)+3$ を $(x-2)$、$(x+1)$、$(x-1)$ で割ったときの余りは、$f(2)=f(-1)=f(1)=3$

この剰余の定理を使うと、整式 $f(x)$ は $f(x)=g(x)(x-a)+f(a)$ と置けます。ここで $g(x)$ はある整式です。ある数、例えば鉛筆の本数を x と置いて、ノートの冊数を y と置くのと同じように、1つの数式を $f(x)$ と置いて、また別の数式を $g(x)$ としています。

この時、$f(a)=g(a)(a-a)+f(a)=f(a)$ となります。

ここで $f(x)$、$f(a)$、$g(x)$、$g(a)$ が何を表しているか説明できるでしょうか？　もし、ここを「なんとなく」やっていては黄信号です。

先ほど説明したように、大学の数学では $f(x, y, z)$ など多変数の関数や逆関数、合成関数など難しい概念がどんどん出てきます。まず、一番単純な $f(x)$ という1変数の数式をしっかり理解しておくようにしましょう。

参考に先ほどの $f(x)=g(x)(x-a)+f(a)$ の一例を示します。

$f(x)=x^3-2x^2-x+5$ とすると $f(x)=(x-2)(x+1)(x-1)+3$ と表せます。

ですから、$a=2$ とすると $f(2)=3$ で $f(x)=g(x)(x-2)+f(2)$ です。この時 $g(x)=(x+1)(x-1)$、$g(2)=3$ となります。

$f(x)$ や $g(a)$ と言われると、抽象的で少し戸惑うかもしれませんが、こうやって具体的な数や数式を当てはめると、表すところをつかんでいただけると思います。

大きい数／小さい数を扱う（指数・対数）

高校で指数や対数というと、「そんな関数もある」というようなマイナーな存在であったかもしれません。しかしながら、大学で数学を応用する場合、ものすごく大きい数（例えばアボガドロ数 6.02×10^{23}）であるとか、逆に小さい数（例えばプランク定数 6.626×10^{-34}）などがどんどん出てきます。

つまり、大学に入ると指数や対数を使う頻度が確実に増えます。とても大事なツールですので、とにかく慣れておきましょう。

ここでは単に数学の話だけでなく、対数グラフや接頭語など、数学を使う上で大事なツールについても紹介します。

数学は拡張の学問

数学という学問の特徴は「とにかく何でも一般化させたがる」ことがあると思います。例えば、指数は中学生で習ったときには、2^3 とか 3^2 とか自然数の範囲でしか考えなかったでしょう。

当然です。指数はかける「回数」を表しているのですから。0回とか、−2回とか、2.2回とか、そんな意味のわからないものは考えられません。

しかしながら、$y=2^x$ といった指数関数を定義するためには、定義域（x の取りえる範囲）が自然数だけだと、連続でないし、微分もできないから不便です。何よりも、とにかく拡張するのが数学者の本能なのです。

この思考様式に慣れておくために指数関数は良い例ですので、関数の拡張という観点で眺めてみて下さい。

それでは自然数で定義されていなかった $y=2^x$ という関数を実数全体にまで拡張しましょう。

まずは自然数における指数の性質を考えてみましょう。指数は下のように、かけ算を足し算に、割り算を引き算に変える性質があることがわかります。

$a^n = a \times a \times \cdots\cdots \times a$（$a$ を n 回かける）

例 $2^5 = 2 \times 2 \times 2 \times 2 \times 2 = 32$

$a^n \times a^m = a^{(n+m)}$

例 $2^3 \times 2^2 = 2^{(3+2)} = 2^5 = 32$

$a^n \div a^m = a^{(n-m)}$

例 $2^4 \div 2^2 = 2^{(4-2)} = 2^2 = 4$

$(a^n)^m = a^{(n \times m)}$

例 $(2^2)^3 = 2^2 \times 2^2 \times 2^2 = 2^6 = 64$

この性質を崩すことなく、指数を実数全体にまで拡張します。

手順としては①0の指数を考える、②マイナスの指数を考える、③分数の指数を考える、④無理数の指数を考える、という順番で進めます。

まず①の0ですが、「指数はかけ算を足し算に、割り算を引き算にする」という性質を考えると、例えば、$5^2 \div 5^2 = 5^0$ となります。この時 $5^2 \div 5^2 = 1$ ですから、$5^0 = 1$ とすれば、矛盾なく0を定義できそうです。

実際これは、全ての正の整数で矛盾なく成り立ちます。

次に②の負の指数です。これも指数の性質を考えると、例えば $5^2 \times 5^{-2} = 5^0 = 1$ となるはずです。この時、$5^{-2} = \dfrac{1}{25} = \dfrac{1}{5^2}$ とするとうまくいきます。つまり、負の指数は逆数を意味するというわけです。

これも全ての整数で矛盾なく成り立ちます。

次は③の分数、つまり有理数へ拡張しましょう。例えば$5^{\frac{2}{3}}$という数を考えてみます。$(a^n)^m = a^{(n \times m)}$を使うと、これは$5^{\frac{2}{3}} = \left(5^{\frac{1}{3}}\right)^2$とできるはずです。このとき$5^{\frac{1}{3}}$という数は、$5^{\frac{1}{3}} \times 5^{\frac{1}{3}} \times 5^{\frac{1}{3}} = 5^1 = 5$を満たすはずですから、$5^{\frac{1}{3}}$は5の3乗根$\sqrt[3]{5}$とするとつじつまが合いそうです。

このときに$5^{\frac{2}{3}} = (\sqrt[3]{5})^2 = \sqrt[3]{5^2}$となります。これも$n$と$m$を整数とした時、$a^{\frac{n}{m}} = \sqrt[m]{a^n}$つまり、分数の指数の分母は$m$乗根を表し、分子は$n$乗を表すわけです。

これで分数がカバーされたので、指数は全ての有理数まで拡張できました。

これまでの結果をまとめると、下のようになります。

$a^0 = 1$（すべての数の0乗は1）

例 $3^0 = 2^0 = 5^0 = 1$

$a^{-n} = \dfrac{1}{a^n}$

例 $2^{-3} = \dfrac{1}{2^3} = \dfrac{1}{8}$

$a^{\frac{n}{m}} = (\sqrt[m]{a})^n = \sqrt[m]{a^n}$（$\sqrt[m]{a}$は$m$乗すると$a$になる数）

例 $8^{\frac{2}{3}} = \sqrt[3]{8^2} = (\sqrt[3]{8})^2 = 2^2 = 4$

最後に④の無理数への拡張です。これは厳密な手続きをしようとすると、なかなか厄介な話になります。本書では概念だけ説明します。

$5^{\sqrt{2}}$を定義するために、次のような数列を考えます。

$$a_1 = 5^1、a_2 = 5^{1.4}、a_3 = 5^{1.41}、a_4 = 5^{1.414} \cdots\cdots$$

この数列が収束すると、その極限は$a_\infty = 5^{\sqrt{2}}$となると考えられます。

実際、この定義で今までの議論と矛盾は生じませんので、指数は無理数まで拡張されることがわかります。

指数を無理数まで拡張すると、全ての正の数 b は正の数 a と実数 x を使って $b=a^x$ と表されることがわかります。

このようにして、最初は**自然数**でしか定義されなかった指数関数が、**実数**全体で定義されます。そして、大学の数学ではそれが**複素数**にまで拡張されていくのです。

さらに、ここまでの議論では**底**が負の時、例えば $(-2)^{\frac{1}{2}}$ のような数は定義できません。なぜなら符号が決まらないからです。しかし指数を複素数に拡張すれば、このような底が負の数の時も、指数関数や対数関数で扱えるようになります。

数学はこのように、拡張できるものは何でも拡張するものだ、と考えると大学の数学の理解がしやすくなります。そして拡張する時には、「指数はかける回数だ」という考えを捨ててしまう必要があります。ここにこだわると、拡張することはできません。

大学数学に向かう時には、このように拡張に関して柔軟に対応することが大事になってきます。

そして、**対数**もこの拡張の必然性から生じたものです。

指数を無理数まで拡張すると、$3=2^a$ となる無理数 a は確かに存在します。しかし、この a を表す方法がありません。ですので、この a をそのまま 2 を a 乗すると 3 になる数として、$a=\log_2 3$ と表すことにしたわけです。これが $\log$ の意味となります。

対数グラフの使い方

数学を応用する上で、大きな数字から小さな数字までを扱う場合は多いです。それをうまく表現できる**対数グラフ**について説明します。とても良く使いますのでしっかり理解しておきましょう。

下に示すグラフはダイオードと呼ばれる半導体素子の電流と電圧の特性になります。このグラフだと0.2～0.6Vくらいまでは0に張りついていて、変化の様子が全くわかりません。しかし、この領域でも実は電流値は大きく変化しているのです。

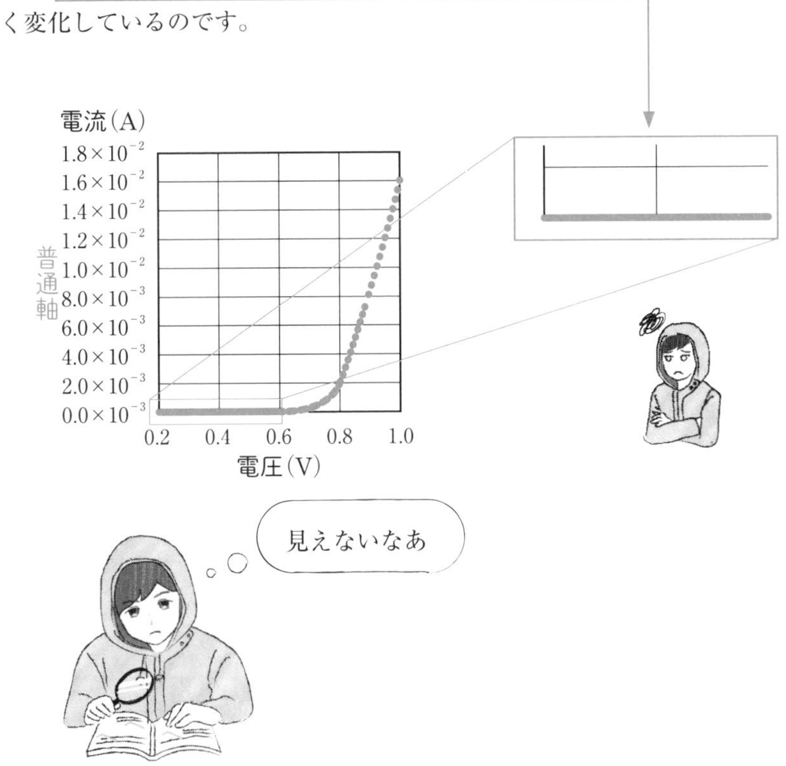

ここで登場するのが**対数グラフ**です。プロットしているのは同じデータですが、0.2～0.6Vにおいても値の変化がよくわかります。軸を見てみると、普通の軸は目盛りが2.0×10^{-3}（0.002）ごとに打たれているのに対し、対数軸では1.0×10^{-12}、1.0×10^{-10}、1.0×10^{-8}と100倍ごとに目盛りが打たれています。

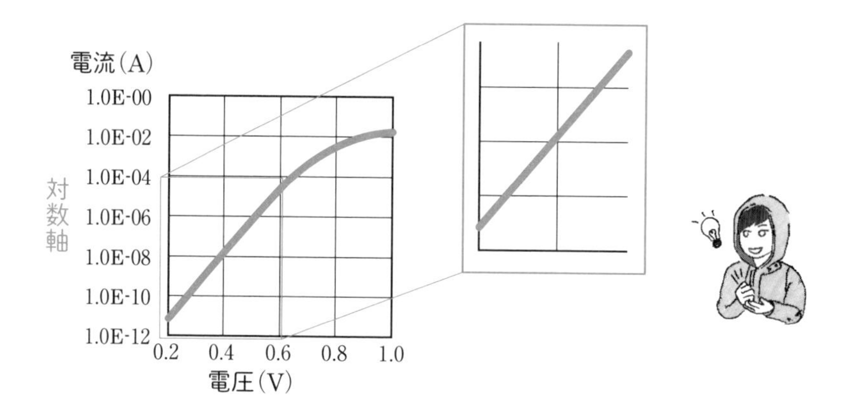

つまり普通の軸は同じ差が等間隔になっているのに対し、対数軸は**等倍した時が同じ長さになっているのです**。下に対数軸の目盛りを示します。1～9まで目盛りを取ると奇妙に見えますが、1から2、4から8のような2倍が等距離になっています。1から3、3から9も等距離です。もちろん1と10、10と100の距離も同じになっています。

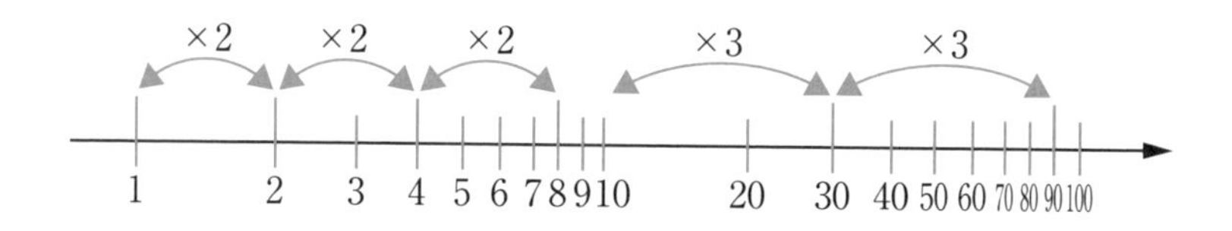

対数軸を使ったグラフには x, y の片側だけを対数軸にした**片対数グラフ**と両方を対数にした**両対数グラフ**があります。軸をしっかりと確認しておきましょう。

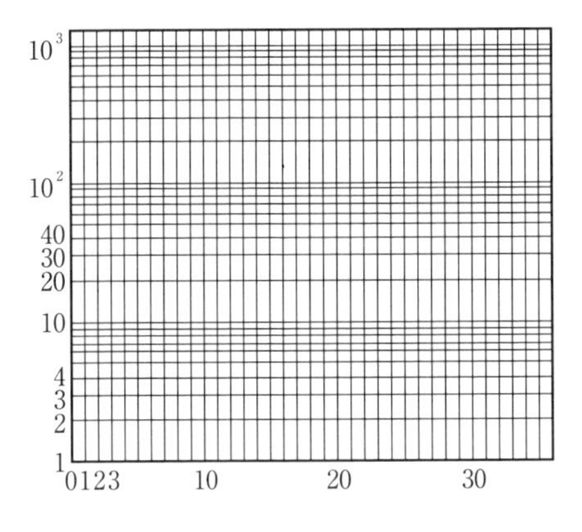

片対数グラフ

横軸が普通軸、縦軸が対数軸、指数関数が直線で表されるという特徴があります。
($y=e^x$、$y=10^{2x}$ などが直線になる)

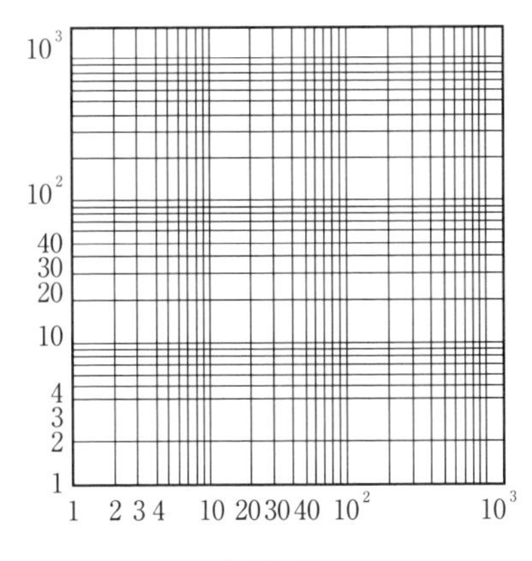

両対数グラフ

横軸が対数軸、縦軸も対数軸、べき関数が直線で表されるという特徴があります。
($y=5x^2$、$y=3x^{\frac{2}{3}}$ などが直線になる)

なお、指数関数を片側対数グラフで描くと、直線になることは重要です。最初に紹介したダイオードの電流と電圧の特性に戻ってみましょう。

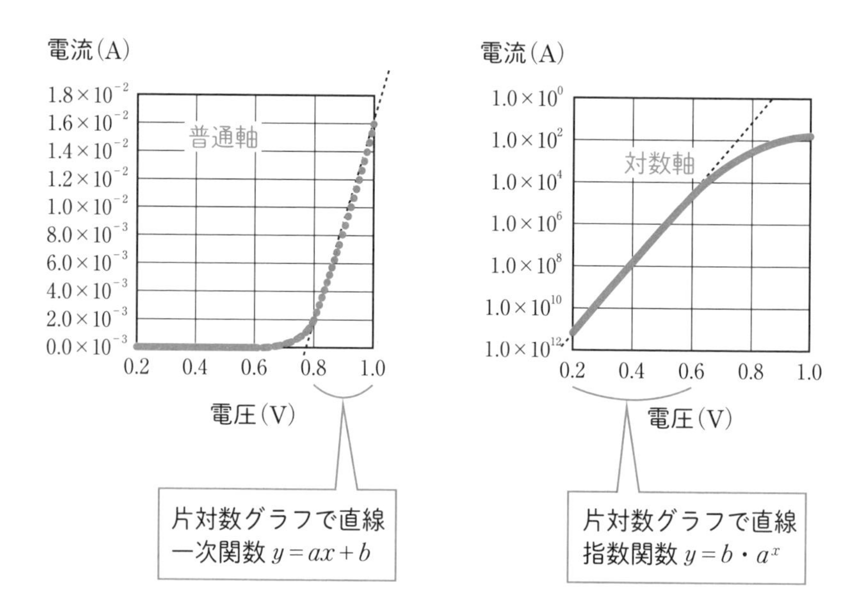

対数軸を見ると、0.2 ～ 0.6V くらいまでの領域では対数軸で直線になっています。これは指数関数的に増加していることを意味しています。一方、0.8V 以上の領域では直線から外れてきています。

一方、普通軸では逆に 0.8V 以上の領域で直線になっています。つまり傾きが一定の一次関数で表されるということです。

この変化はダイオードの特性を支配している物理現象が変わっていることを意味します。このような変化をつかむことができるので、指数関数が片対数軸で直線になることは重要です。

指数や対数を使った単位

先ほども説明しましたが、大学に入って数学を実際の問題に適用しようとすると、使う数の範囲が広がります。例えば 1.0×10^{-10} といった非常に小さい数、逆に 1.0×10^{10} といった非常に大きな数も登場します。

その時に便利なのが、指数を表す**接頭語**です。1000を表すk（キロ）や逆に $\frac{1}{1000}$ (1.0×10^{-3}) を表すm（ミリ）は日常生活でも慣れ親しんでいるでしょう。

その他にも1000倍ごとに下のような接頭語が存在します。

記号	読み	大きさ
da	デカ	10^{1}
h	ヘクト	10^{2}
k	キロ	10^{3}
M	メガ	10^{6}
G	ギガ	10^{9}
T	テラ	10^{12}
P	ペタ	10^{15}
E	エクサ	10^{18}
Z	ゼタ	10^{21}
Y	ヨタ	10^{24}

記号	読み	大きさ
d	デシ	10^{-1}
c	センチ	10^{-2}
m	ミリ	10^{-3}
μ	マイクロ	10^{-6}
n	ナノ	10^{-9}
p	ピコ	10^{-12}
f	フェムト	10^{-15}
a	アト	10^{-18}
z	ゼプト	10^{-21}
y	ヨクト	10^{-24}

ただ、この接頭語は桁が変わった時、必ず変わるとは限りません。つまり、距離を12000m（メートル）とすることもありますし、12kmとすることもあります。しかしながら12000kmを12Mm（メガメートル）とすることは通常ありません。このように運用には慣習があってあいまいであることを知ってください。

なお、コンピュータのメモリの容量などでも、M、G、Tなどが使われていますが、これは厳密には1000倍ではなく、1024倍 (2^{10}) のこともありますから、注意が必要です。

さらに、世の中には対数を使った単位がたくさんあります。音の大きさや電気信号の大きさを表すdB（デシベル）はエネルギーの大きさが10倍になると、10増える量です。つまり20dBは10dBの10倍のエネルギーで30dBは10dBの100倍のエネルギーということになります。

例えば、音の場合、デシベルと音の大きさの関係は下のようになります。

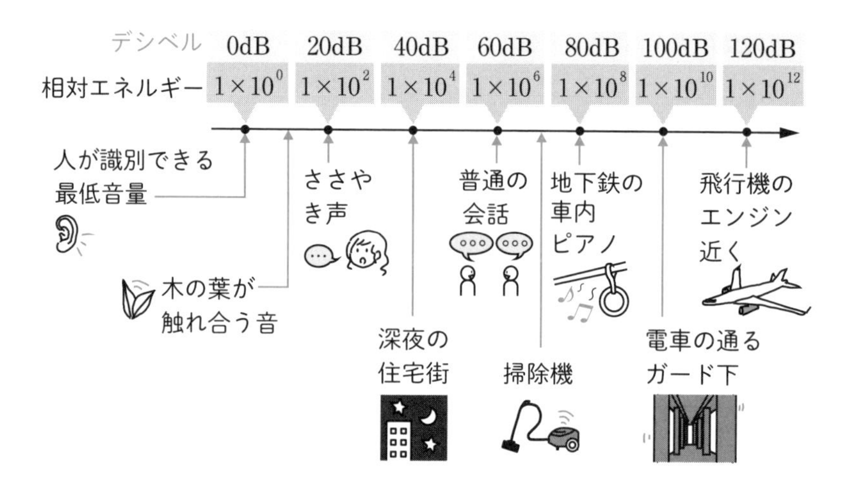

気をつけなければいけないのが、デシベルは「エネルギー」の大きさが10倍になると、10増える量であるということです。

例えば、音としての波の振幅が10倍になると、エネルギーはその2乗に比例して100倍になるので、デシベルは20増えます。また、電気回路において、ある抵抗にかかる電圧を10倍にすると、電流も10倍になり、エネルギーである電力は100倍になります。ですから、この場合もデシベルは20増えることになります。

地震のエネルギーを表すマグニチュードも対数を使った単位です。

このマグニチュードは2増えるとエネルギーが1000倍になります。つまり、マグニチュードが1増えるとエネルギーが$\sqrt{1000}$倍になり、マグニチュードが4増えるとエネルギーは1000000倍になるわけです。

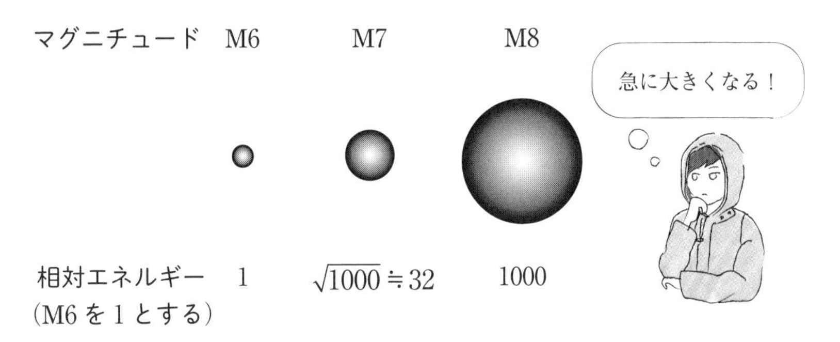

ですから、マグニチュードは少し違うだけで、エネルギーが大きく異なります。例えば、2011年の東日本大震災の時に、地震の規模が当初マグニチュード8.8とされていましたが、後に9.0に訂正されました。0.2の差は微細に感じるかもしれませんが、これはエネルギーがほぼ倍になったことに相当します。

そして、仮にマグニチュード12の地震があったとすると、それは地球は割れてしまうほどの大きさになるそうです。

対数の単位は人の感覚よりも、はるかに増加速度が大きいことに注意が必要です。

有効数字を意識する

大学の研究などにおいて、数学を実世界に適用するときに有効数字の概念が重要です。これは指数表現を使うと明確に表現できます。

例えば、ある物体の長さを測ってみると、162mmだったとします。こ

の数字をあえて 1.62×10^2mm などと表現することがあります。

1.62×10^{20} とか 1.62×10^{-20} などといった、とても大きい数や小さい数は指数で表すメリットが大きいでしょうが、162mm ですむ長さを 1.62×10^2mm と表現するのはかえって表現が複雑になっているようにも感じます。

しかしながら、この場合においても指数を使うメリットはあるのです。

それは**有効数字**が明確になることです。

実際の世の中の数字は、たいてい**誤差**を含んでいます。例えば、長さを測ってみて 20m だったとしても、その数字には誤差が含まれていることでしょう。指数を使うと、その誤差を明確にできるのです。

測った結果が 20m で有効数字２桁だとすると、２桁目の数字０までが、確実な情報だと考えます。この場合、19.5 ～ 20.5 の間の数は**四捨五入**すると 20 になりますから、有効数字２桁という情報があると、この数字 20 の不確かさがわかるのです。

この時に精密な測定をして、cm 単位まで正しい測定結果を得たとします。すると有効数字は４桁になって 20.00m になります。この場合は四捨五入すると 20.00 まで確定する数ですから、19.995 ～ 20.005 の間となるのです。

ここで 20.00 のことを 2.000×10^1 と小数点を含む１桁の数と指数で表すようにします。すると、有効数字が４桁とわかりやすくなるわけです。

指数を使った表現にはこのようなメリットもあるのです。

実は三角でなくて、波を表す関数（三角関数）

三角関数は高校数学だと、直角三角形を始めとする図形とのつながりと、加法定理などやたら公式が多い単元としての印象が強いかもしれません。

しかし、大学での学習では、複素数や指数関数と結びついたり、座標変換で使われたり、波を表す手段として使われることが多くなってきます。

この観点で三角関数を見直してみましょう。

数学は拡張の学問

指数関数でも同じサブタイトルがあったと思います。最初、指数は自然数でしか定義されていなかったのに、最終的に無理数を含む実数全体、そして大学では複素数にまで定義域を拡張していきます。

三角関数も同様で、最初は直角三角形でしか定義されていなかったものが、どんどん拡張されていきます。ここでは拡張という観点で、あらためて三角関数を眺めてみて下さい。

もともと三角関数は**三角比**として定義されました。

つまり次に示すような、直角三角形の各辺の比になります。三角形の内角の和は 180° ですし、そのうち1つは直角ですから、θ の取り得る値は $0^\circ < \theta < 90^\circ$ という制限がつきます。

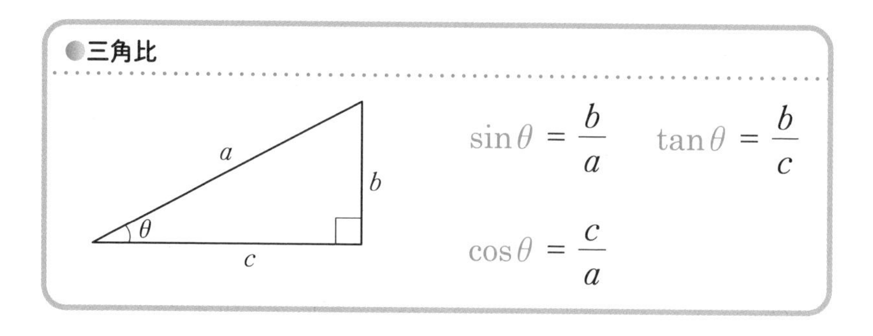

しかしながら、この θ の制限をとろうとしたのが三角関数の拡張です。

これは xy 座標に原点中心で半径１の**単位円**を置いて、その円周上の点Pと x 軸の正方向の作る角度を θ とします。その時の円周上の x 座標を $\cos\theta$、y 座標を $\sin\theta$、そして $\dfrac{\sin\theta}{\cos\theta}$ を $\tan\theta$ として定義するわけです。

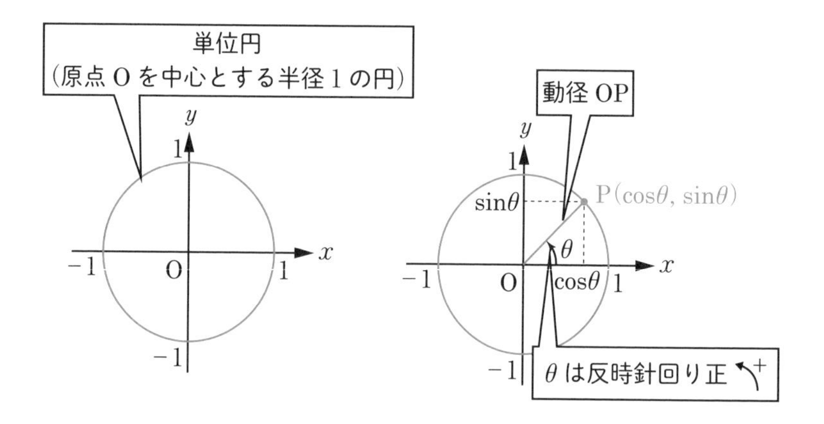

これで三角関数は $0° \leqq \theta < 360°$ まで拡張されました。さらに $360°$ 以上の角度については、１回転以上の角度、そして負の角度については時計回りに回る角度とすると、三角関数を全ての実数に拡張することができます。

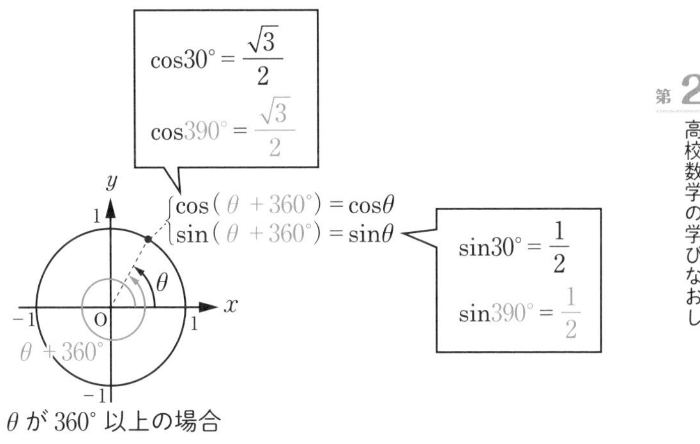

θ が 360° 以上の場合

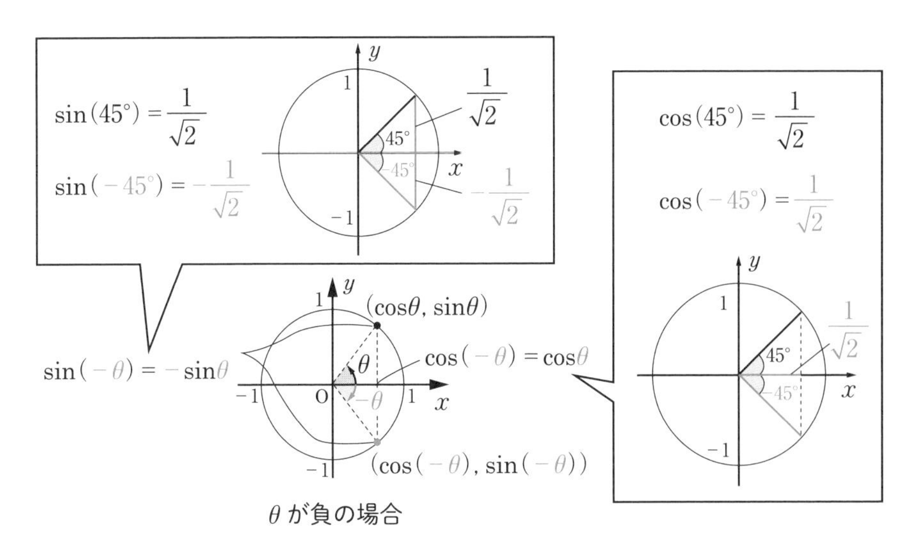

θ が負の場合

さらに三角関数になると、θ は度(°、degree)ではなく、弧度法のラジアンで表されることをご存知でしょう。

念のため弧度法、つまりラジアンの定義を再確認します。次のようにラジアンとは半径が1、つまり単位円における扇形を考えて、その中心角が θ の時の弧長を角度として定義します。360°のときは円弧と同じになりますから、360°は 2π ラジアンとなるわけです。

●弧度法

弧度法における角度は、長さの比で定義される。

半径1、弧長 L の扇形の中心角 θ は

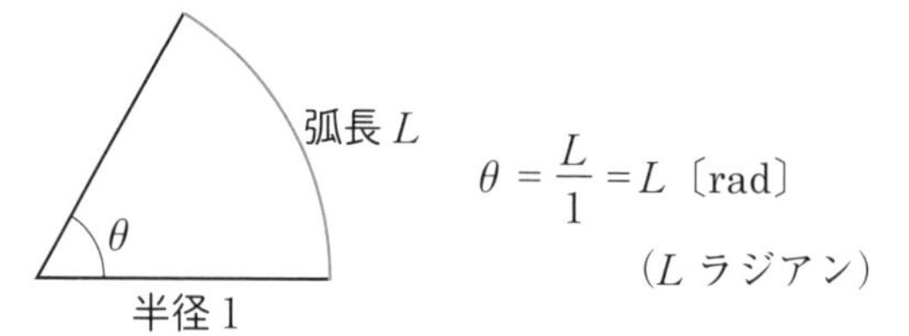

$$\theta = \frac{L}{1} = L \text{〔rad〕}$$

（L ラジアン）

半径1の円周の長さは

$$2\pi \times (\text{半径}) = 2\pi \times 1 = 2\pi \quad (\pi \text{は円周率})$$

したがって、度数法の360°は弧度法の 2π rad に一致します。

$$360° = 2\pi \,\text{rad}$$

なぜ、ラジアンを使うかというと、**微分**が簡単に表されるからです。

θ の単位がラジアンだと $\sin\theta$ の導関数は $\cos\theta$ になりますが、度の場合 $\sin\theta$ の導関数は $\frac{\pi}{180}\cos\theta$ となり、扱いが面倒になってしまいます。

単位円の円周に対応する角度という考え方をしっかり理解しましょう。大学では半径が1の球の表面積で表す**立体角**という概念も登場します。これも弧度法を理解していれば、問題なく受け入れられるはずです。

三角関数を波と考えると視点が変わる

今まで議論したように、単位円を使った定義でθを実数全体にまで拡張し、角度の単位をラジアンとすると、三角関数のグラフは下のように与えられます。

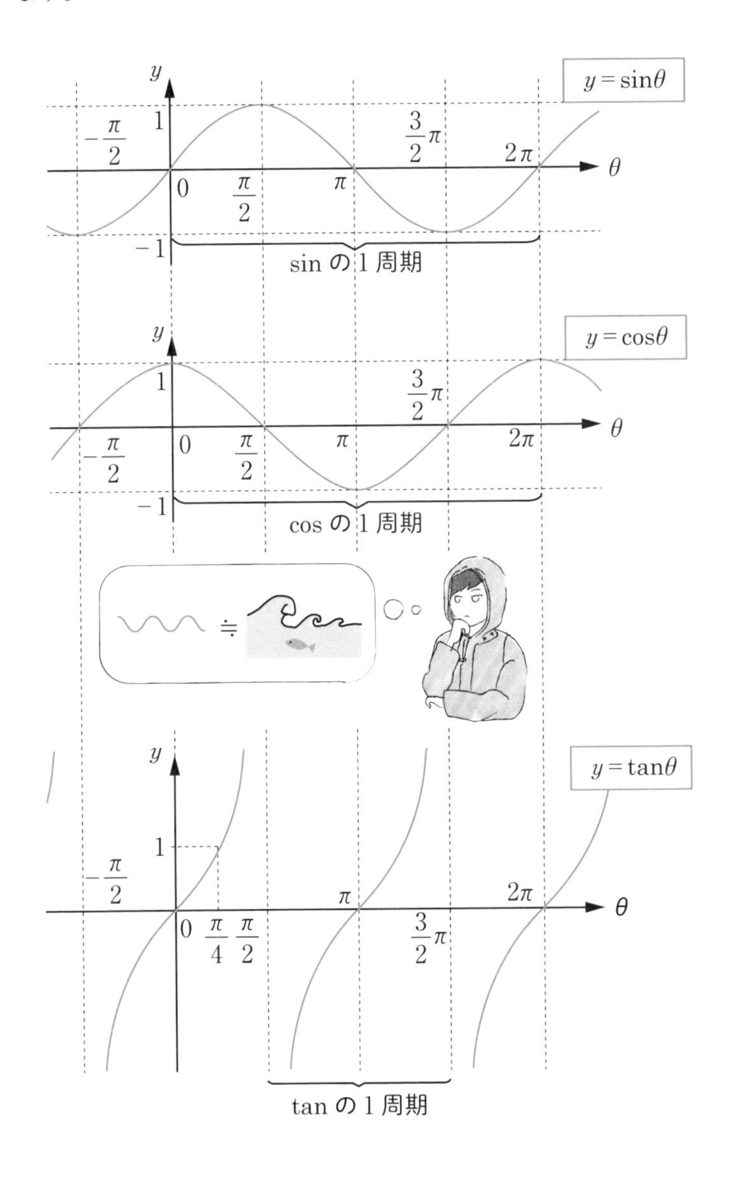

これを見て気づくことはないでしょうか？　そうです、sin や cos のグラフは波そのものなのです。

sin や cos の波は正弦波と呼ばれ、最も基本的な波となります。大学ではフーリエ級数という考え方を学びます。これは全ての波は sin と cos の波の重ね合わせで表せることを意味していて、応用範囲の広い重要な概念です。

また、$y=\sin\theta$ は奇関数で $y=\cos\theta$ は偶関数という性質も重要です。

下図に示すように、奇関数とはグラフが原点に対して対称で $f(-x)=-f(x)$ となるもの、偶関数とは y 軸に対して対称で $f(-x)=f(x)$ となるものです。

当たり前ではあるのですが、これを性質としてしっかりおさえておくようにしましょう。

●$y=\sin(x)$ は奇関数

原点に対して対称

$f(-x)=-f(x)$

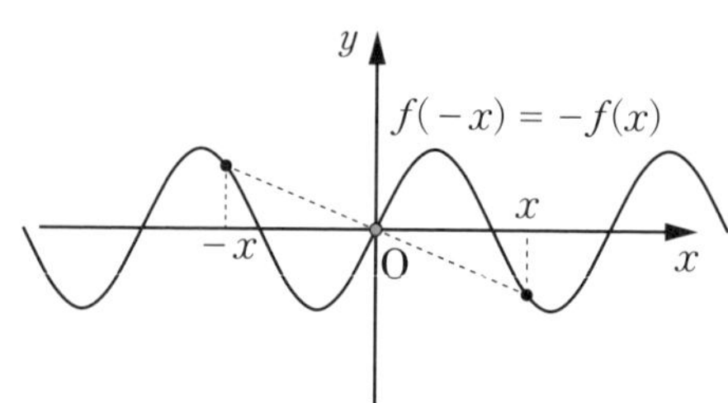

●$y=\cos(x)$ は偶関数

y 軸に対して対称

$f(-x)=f(x)$

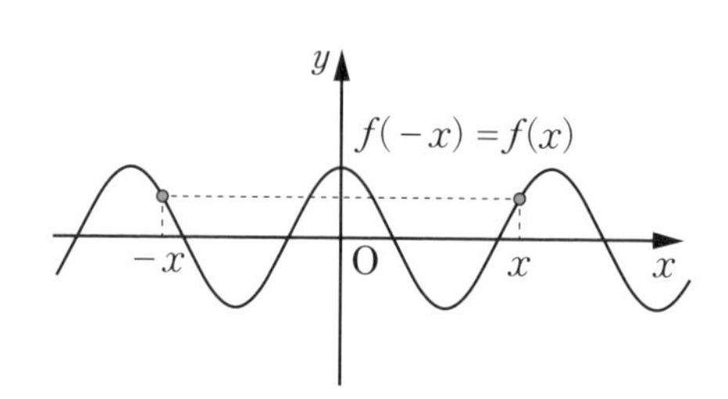

「$i^2 = -1$」を忘れた後に残るもの（複素数）

高校で習う数学の中でも、虚数は最も誤解されやすいものだと思います。「虚」という言葉から、実際には存在しない数とか意味のない数と考えてしまいがちです。

しかしながら、虚数は全く別のように思えた三角関数や指数・対数関数をつなぐ鍵となる数で、応用範囲も広いものです。

ポイントは「虚」の数ではなく、「次元の違う」数と理解することです。これから、次元が違うとはどんなことか説明していきたいと思います。

虚数とは次元の違う数

はじめて虚数を勉強するのは、２次方程式の解法としてでしょう。

例えば、こんな問題があったとします。一辺4 cm の正方形があります。そこに一辺 $x$cm の正方形を加えて、合計の面積をある数にしたい。その時、x をいくつにすればいいかという問題です。

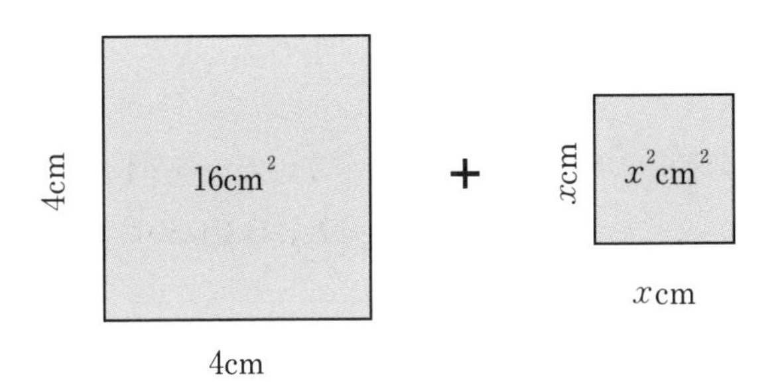

例えば、20cm² にしたいのであれば、方程式は $x^2 + 4^2 = 20$ となって、答えは $x = 2$ と求められます。

一方、12cm^{2}にしたいとすればどうでしょうか。同じように方程式を作ると$x^2=-4$となります。しかし、２乗するとどんな数でも正になるので、この方程式は解くことができません。ですが、$i^2=-1$となる数を考えると、$x=\pm 2i$となって、この方程式を解けてしまうのです。

しかしながら、方程式が解けたといっても、実際に長さ$2i$の正方形なんてものは存在しません。ですから、結局そんな正方形は存在しない、つまりこの問題は解けないと言っているのにすぎないわけです。この話だけ見ていると、虚数は文字通り「意味のない」数と言えるでしょう。

しかしながら、虚数が常に意味がないものであるかというと、そうではありません。

逆に、当たり前のように使っている分数や負の数も意味を持たないことがあります。

例えば、最初の正方形の問題で$x^2+16=20$という方程式を解くと、$x=-2$という解も出てきます。しかし、辺の長さは負になり得ないので、この-2という解も意味がありません。虚数と同じです。

また、分数や小数にしても同じです。例えば、12人の人がいて、１台に５人乗れる車があります。この時、何台の車が必要でしょうという問題があったとします。

12÷5を計算してやると2.4という数が出ますが、だから2.4台という答えにはなりません。なぜなら、車2.4台という数には意味がないからです。結局、答えは３台となります。

それでは、虚数が意味を持つ場合とはどんな場合なのでしょうか？

一言でいうと「次元の違うものを１つの数で表現する時」となります。

大学数学を学ぶにあたって、次元を正しく理解することはとても重要です。本書でも特に力を入れているところです。そして、その次元が違う数を表す１つの手段が虚数ということになります。

次元が違うことを直感的に理解してもらうために、次のような迷路を考えてみましょう。左図の迷路はスタートからゴールにたどり着くことはできません。しかしながら、右図のように３Ｄで考えてみてはどうでしょうか？　図で示す部分をジャンプすることにより、ゴールに到達することができます。

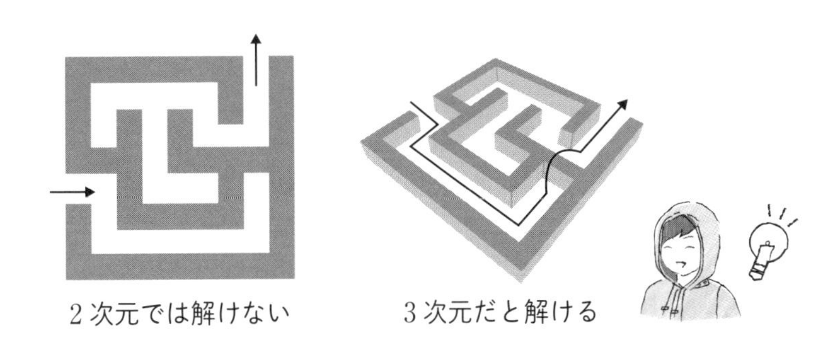

何かインチキっぽいと考える人もいるかもしれません。ただ、実数係数の２次方程式を、虚数を持ち出して解くということは、この迷路の例に似ています。２次元ではどうやっても解けないから、問題を３次元に拡張して解くイメージなのです。

実際のところは１次元である数直線上では解けないので、複素数平面として数を２次元に拡張して解くことが、虚数を使って方程式を解くことにあたります。

さて、次項から複素数がどのように次元を増やすのか説明しましょう。

複素数で平面を表せる

複素数で平面を表す話をするまえに、まず簡単に複素数の扱い方をまとめておきます。複素数の計算は i を文字式とみなして計算できます。ただし、$i^2=-1$ となるところがただの文字式とは異なります。

複素数の基礎

- 2乗して－1になる数を虚数単位と呼び“i”で表す。つまり $i^2=-1$
- 虚数単位 i を使って、$a+bi$（a, b は実数）で表される数を複素数と呼ぶ。
- 複素数の計算で、虚数単位 i は普通の文字式のように扱える。

例 $(2+3i)+(3+i)=5+4i$　　$i(i+5)=i^2+5i=-1+5i$

高校でならう複素数平面とは、虚数を導入することで、平面を表すものです。

実数は数直線を表して直線、つまり1次元の世界です。平面は2次元ですから、まさに次元を拡張したものとなります。

これを説明するために、まずは数直線のおさらいをします。まず、ゼロと自然数だけの場合は、直線にならず図のように点だけになります。そこで有理数、つまり分数と無理数を加えることにより実数全体になり、点が線になるわけです。さらに、負の数を加えるとこの直線が左方向にも延びます。

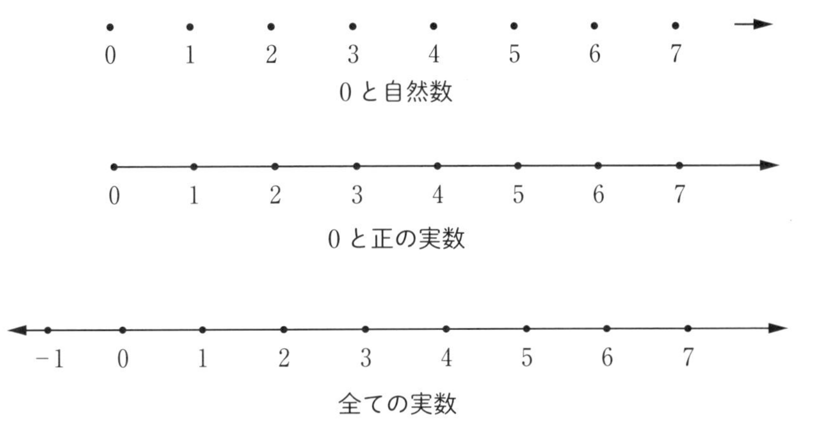

それでは虚数はこの直線の中でどこに位置されるでしょうか？

実は虚数の居場所はありません。なんと言っても、虚数は次元の違う数なのですから……。

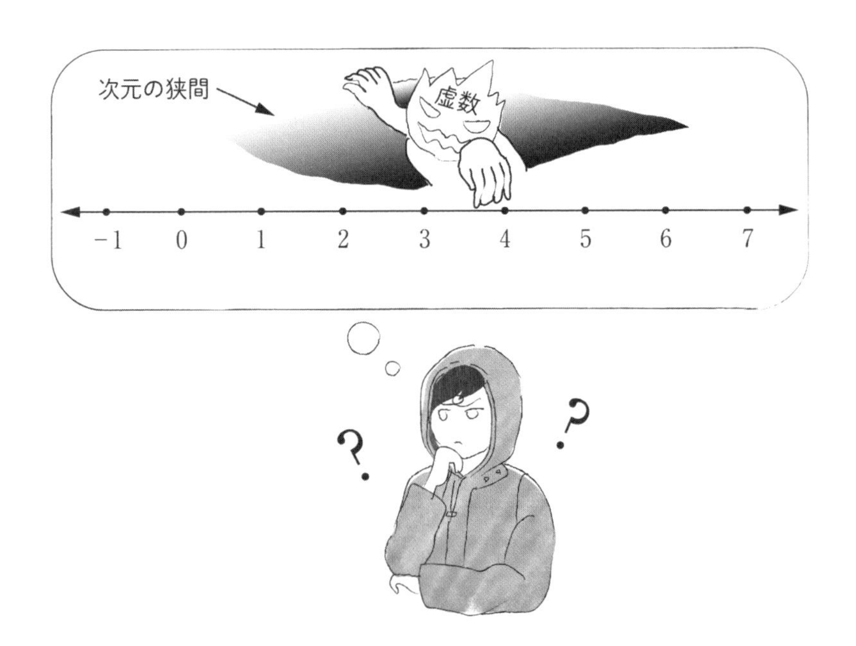

複素数平面を考えた場合、虚数の軸は下図のように数直線に垂直な軸で表されます。ただし0（ゼロ）、すなわち何もない状態はさすがに実数でも虚数でも同じですから、原点では交わることになります。

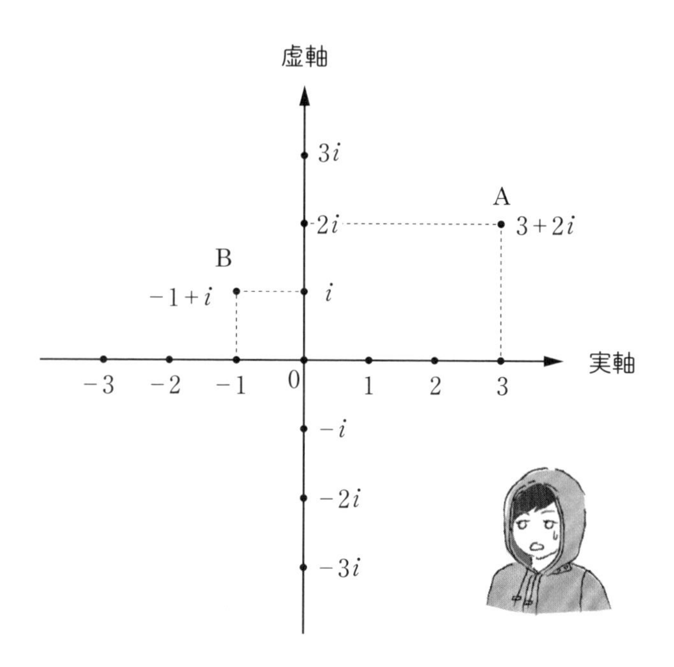

こうすると、$a+bi$（a, bは実数）という複素数zを使って、この複素数平面上の点を表すことができます。例えば、$z_A=3+2i$という複素数は図の点Aを表します。そして、その点Aから実軸（実数を表す横軸）方向に-4、虚軸（虚数を表す縦軸）方向に-1だけ移動させることを考えましょう。

この移動は複素数を使って$-4-i$と表せます。だから、Bの複素数z_Bは$(3+2i)+(-4-i)=-1+i$と表されるわけです。

複素数平面を使うと、平面上の任意の点の位置を複素数で表現することができます。また、**絶対値**を求めると原点からの距離、**共役複素数**を求めると実軸に対して対称な点を求めることができます。

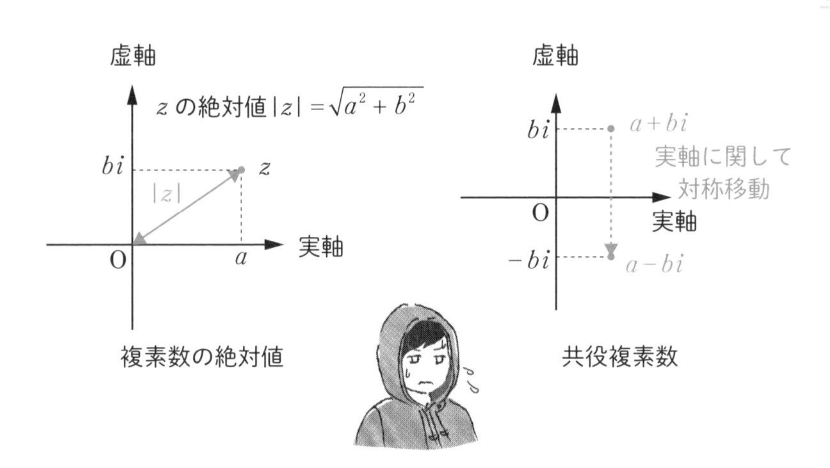

このように次元の違う虚数を使うと、直線だけでなく平面を表すことを理解していただけると思います。

なぜ、わざわざ複素数で平面を表すのか？

複素数を使うと、数直線だけでなく平面を表せる、これを聞いて「すごい」と思ったでしょうか？　いやそうではありませんよね。「だから何なんだ」というのが正直な感想でしょう。私もそう思いました。

というのも、私たちにはすでに **xy 座標**（直交座標）という慣れ親しんだ座標系を持っています。点を表したり、移動を表したり、そんなことは xy 座標でできてしまいます。わざわざ複素数平面を持ち出す必要なんてないように思えます。

しかし、平面を複素数で表すメリットはあります。それが極形式です。

極形式は実軸となす角θと長さrで座標を指定する方法で、この時任意の平面上の複素数zは$z=r(\cos\theta+i\sin\theta)$と表せます。この$\theta$を偏角と呼びます。

●複素数平面と極形式

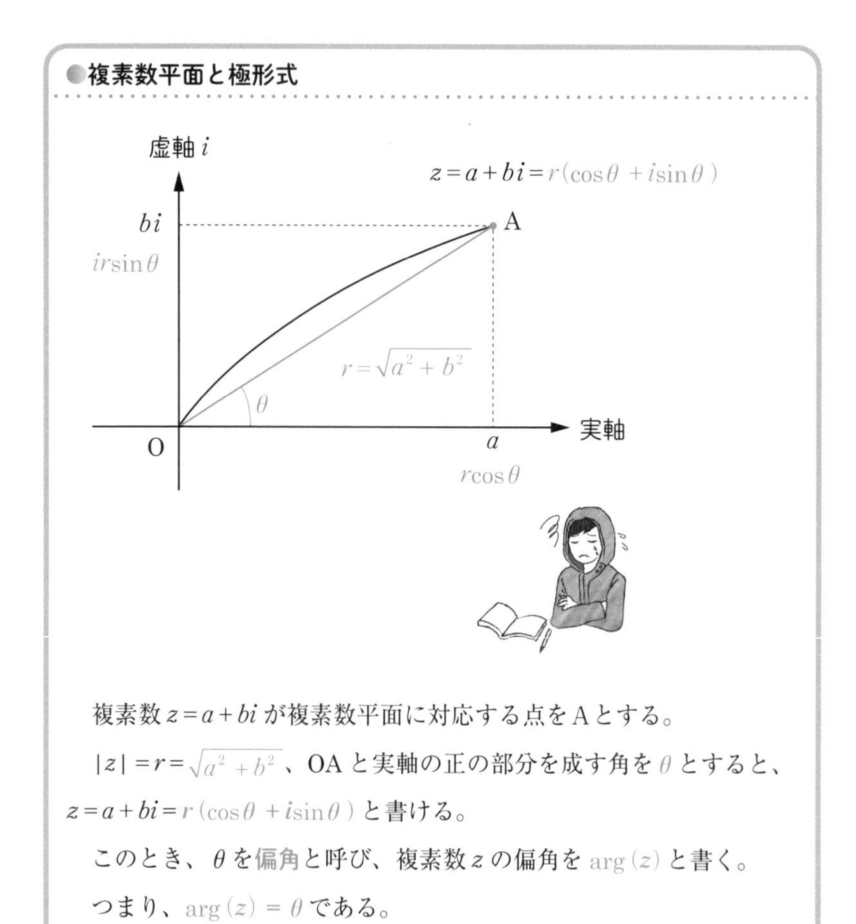

複素数$z=a+bi$が複素数平面に対応する点をAとする。

$|z|=r=\sqrt{a^2+b^2}$、OAと実軸の正の部分を成す角をθとすると、

$z=a+bi=r(\cos\theta+i\sin\theta)$と書ける。

このとき、θを偏角と呼び、複素数zの偏角を$\arg(z)$と書く。

つまり、$\arg(z)=\theta$である。

ここまで聞くと、これは極座標と同じことに気づくかもしれません。確かに思想は全く同じです。しかしながら、複素数を使った計算では大きな

メリットがあるのです。

それは複素数の積と商にあります。複素数の積は絶対値の積と偏角の和、複素数の商は絶対値の商と偏角の差で表せます。すなわち、次のような性質が成り立つのです。

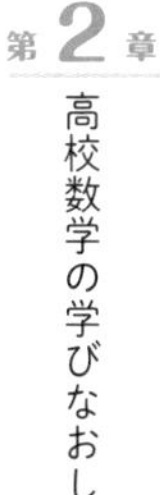

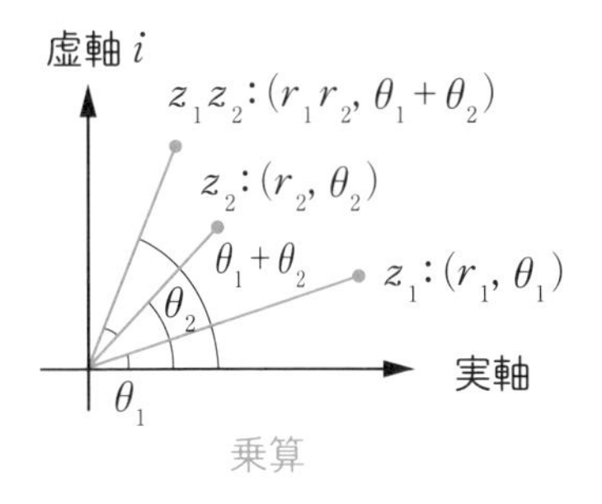

乗算

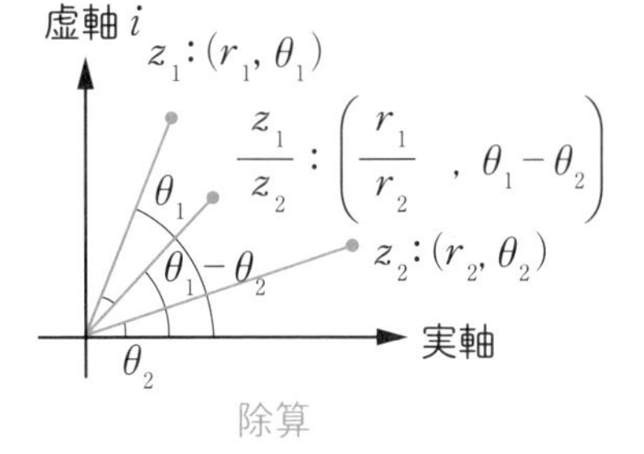

除算

$$z_1z_2=r_1r_2\{\cos(\theta_1+\theta_2)+i\sin(\theta_1+\theta_2)\}$$

$$\frac{z_1}{z_2}=\frac{r_1}{r_2}\{\cos(\theta_1-\theta_2)+i\sin(\theta_1-\theta_2)\}$$

例えば、iは絶対値が1で、偏角が$\frac{\pi}{2}$の複素数です。ですので、これをかけることは$\frac{\pi}{2}$(90°)回転することを意味します。実際、下図のように1に複素数iをかけるごとに90°ずつ回転していることがわかります。iを4回かけることは360°回転することを表すので、もとの1に戻ります。

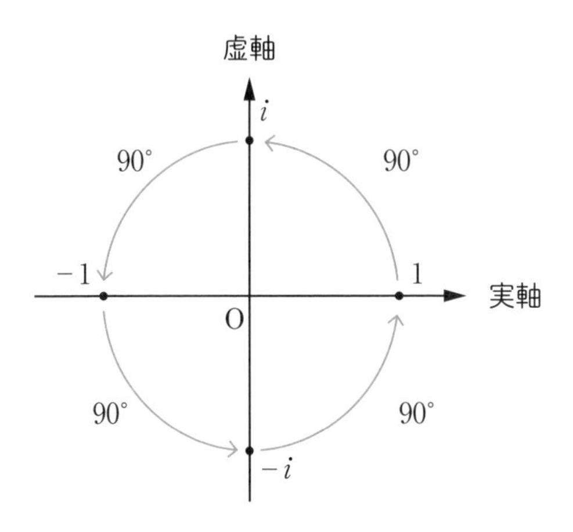

xy 座標でも、次のように三角関数を使って、回転を表すことはできます。

> 図形の方程式を $f(x,\ y)=0$ とする。この図形を、原点を中心に θ 回転した図形は次のようになる。
>
> $$f(x\cos\theta+y\sin\theta,\ -x\sin\theta+y\cos\theta)=0$$
>
> 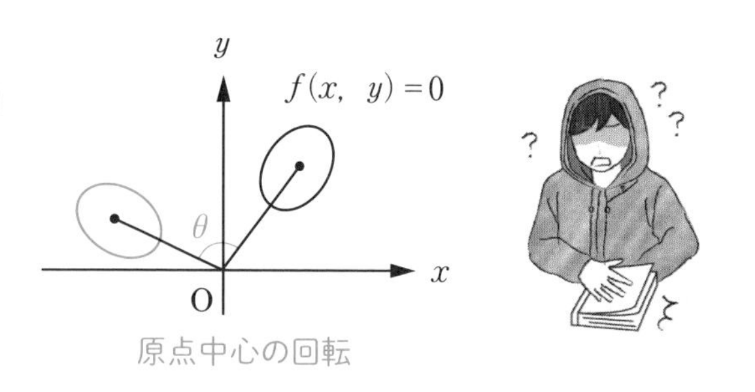
>
> 原点中心の回転

ただ複素数よりも見通しが悪く、計算も複雑に見えます。回転を表すためには、複素数平面を使った方が圧倒的に見通しが良くなります。だから、極座標系で回転を多用する場合は、複素平面が好んで用いられるのです。

世の中では場所や方向を示す時に、**方位**と**距離**で表すことの方が多いと思います。

例えば、船や飛行機を運行する時に、**緯度**と**経度**を使った「北方向に2km、東方向に1km」といった xy 座標の指定方法よりも、「方位北北東に2km」といった極座標の指定方法の方が直感的に理解しやすいと思います。

ということで、極座標を表す時にわかりやすいという意味で、複素数平面を使うメリットが大きいわけです。

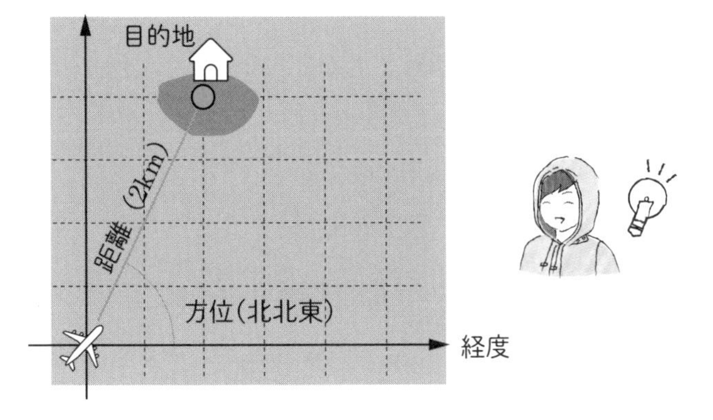

さらなる次元の拡張

ここまで複素数を用いて、１次元（数直線）だった実数を２次元（複素数平面）に拡張したお話をしました。

ここで xy 座標は軸を増やせば３次元、４次元、……と拡張していくことができます。それと同様に、複素数も次元を拡張していくことはできないのでしょうか？

この話題は高校数学の範囲を超えてしまいますが、「複素数は次元の拡張」としたのでここで紹介したいと思います。

実は、それは可能で**四元数**（**クォータニオン**）、**八元数**（**オクトニオン**）として次元を増やしていくことができます。

ここで四元数の性質について、簡単に紹介します。

四元数は下のような性質をもち、実部の他に i、j、k という３種類の虚数単位を持っています。次に示すように積の**交換法則**が成り立たないなど、複素数に比べると格段に扱いづらいものではあります。

四元数（クォータニオン）の定義

i、j、k を異なる3つの虚数単位とすると、四元数 q は $q=a+bi+cj+dk$ と表される。

このとき、虚数単位 i、j、k は次を満たす。

$$i^2=j^2=k^2=ijk=-1$$

$$ij=-ji=k \qquad jk=-kj=i \qquad ki=-ik=j$$

（つまり四元数の積は交換法則が成立しない）

ただ、四元数を使うと平面だけでなく立体を表すこともできて、回転をシンプルに表すことができるという特徴はここでも残っています。シンプルに表されるということは、コンピュータを使っても高速に処理できることを意味します。

その特徴を使って、コンピュータグラフィックスの表現やロケットの姿勢の制御など、便利に使われているのです。

この四元数の存在を知ることは、「複素数が次元を拡張した数」ということをスムーズに理解するためにも、助けになると考えます。

微分＝傾きの概念をしっかりと（微分）

微分を理解することは数学を応用することにおいても、さらに数学を探求する場合でも極めて重要です。高校数学全般においても１、２を争う重要度です。

しかしながら高校で習う数学の場合、問題を解くことに重点が置かれるため、本当に重要な概念的な理解が求められない傾向があります。

例えば、x^3 を微分すると $3x^2$、$2x^4$ を微分すると $8x^3$ です。これはルールさえ覚えれば中学生でもできてしまうでしょう。しかしながら、これができたからといって微分の意味がわかっているかというと、そうではないことは明らかです。

そしてこれは導関数の定義式 $f'(x)=\lim_{h\to 0}\frac{f(x+h)-f(x)}{h}$ に代入して、導関数が求められたとしても同じことです。計算して求められたとしても、決して微分を理解していることにはなりません。

それでは何がわかれば微分を理解していることになるのか？　ここではそんなことについて説明したいと思います。

導関数は傾きの関数

ある関数 $f(x)$ を微分すると、その**導関数 $f'(x)$** が得られます。この導関数 $f'(x)$ とは何か？　それは元の関数 $f(x)$ の**傾き**の関数といえます。これから何個か例を挙げますので、導関数は傾きの関数という感覚をつかんで下さい。

大学数学になると、**多変数関数**など、もっと複雑な微分も学びます。この複雑な微分を学ぶために、１変数の時の傾きのイメージが役に立つと思います。

まずは2次関数と3次関数です。導関数は次数が1下がりますので、導関数は1次関数と2次関数になります。

元の関数に示した傾きが導関数の値になっていることに注目して下さい。

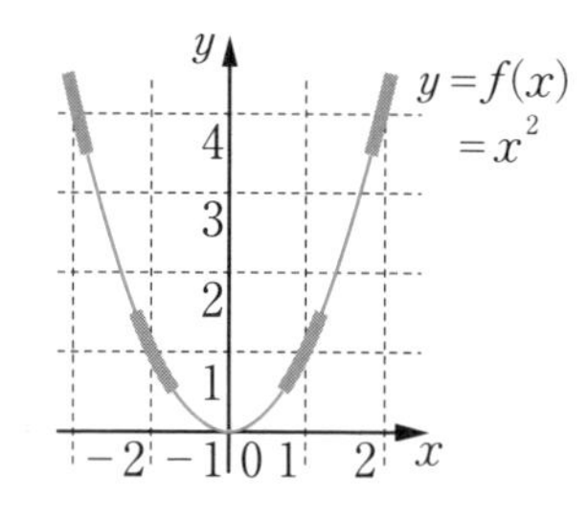

● 3次関数

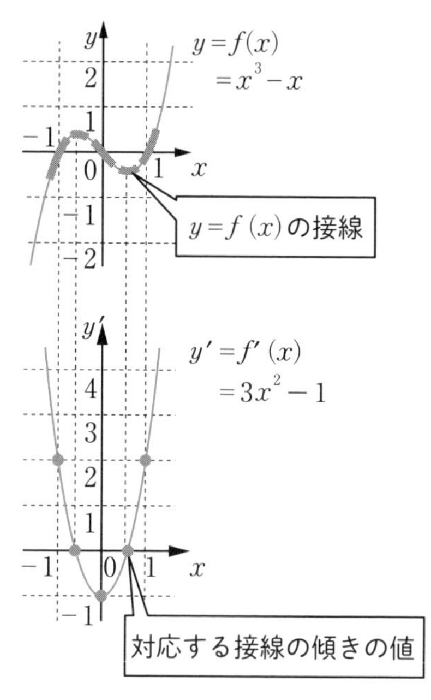

●導関数（次数が1つ下がる）

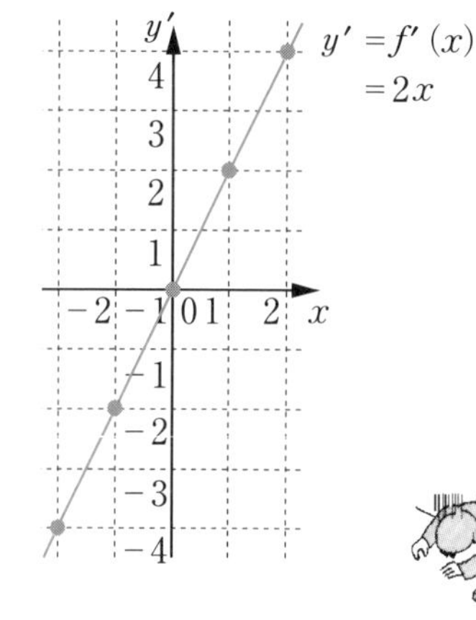

こんな規則があったとは…
すごい…

次に三角関数の導関数です。$f(x)=\sin x$とすると、その導関数$f'(x)$は$\cos x$、そしてさらに微分した二次導関数$f''(x)$は$-\sin x$となります。

このイメージをそれぞれのグラフからつかんで下さい。

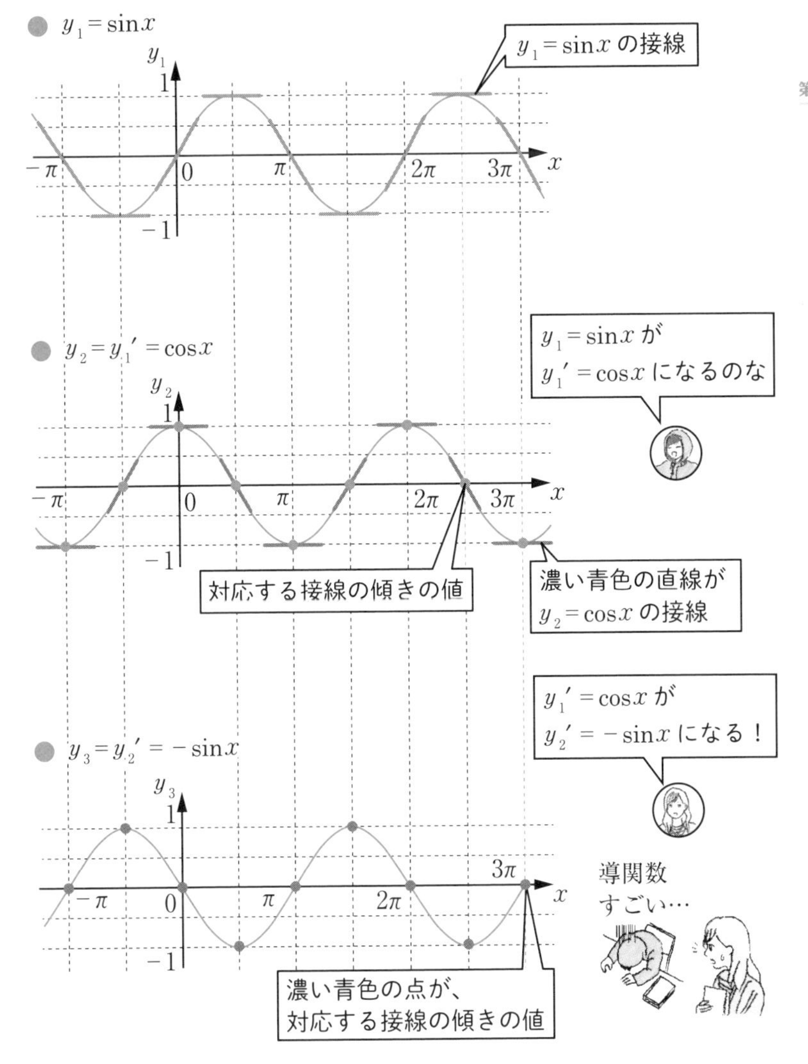
$y_1 = \sin x$
$y_1 = \sin x$ の接線
$y_2 = y_1{}' = \cos x$
$y_1 = \sin x$ が
$y_1{}' = \cos x$ になるのな
対応する接線の傾きの値
濃い青色の直線が
$y_2 = \cos x$ の接線
$y_3 = y_2{}' = -\sin x$
$y_1{}' = \cos x$ が
$y_2{}' = -\sin x$ になる！
導関数
すごい…
濃い青色の点が、
対応する接線の傾きの値

$f(x)=\tan x$ の導関数 $f'(x)$ は $\dfrac{1}{\cos^2 x}$ となります。その様子をつかんで下さい。

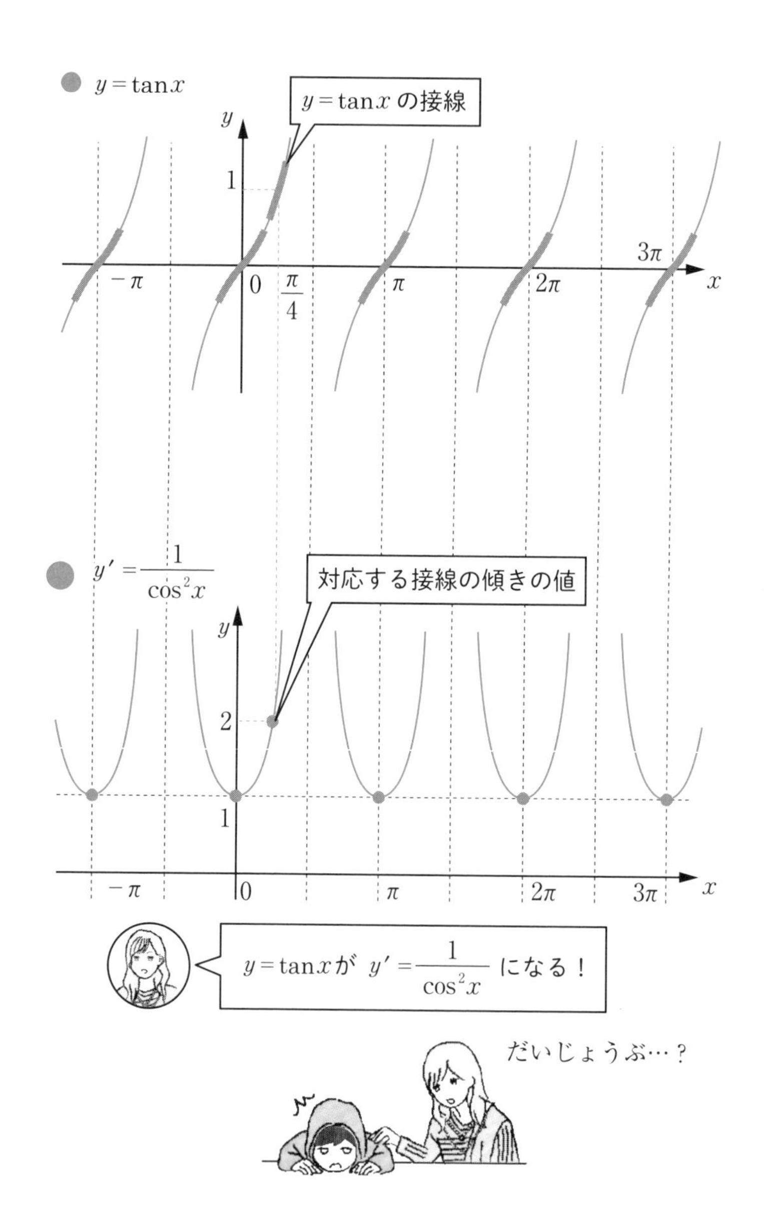

次に指数関数です。ここで重要なのはネイピア数 e の指数関数です。

ネイピア数は数学で非常に重要な数だと学んだのではないでしょうか。ネイピア数がなぜ重要かというと、その指数関数 $y=e^x$ の関数値が傾きにもなっている、つまり関数とその導関数が全く同じ形で表されることにあります。つまり下のようになるのです。

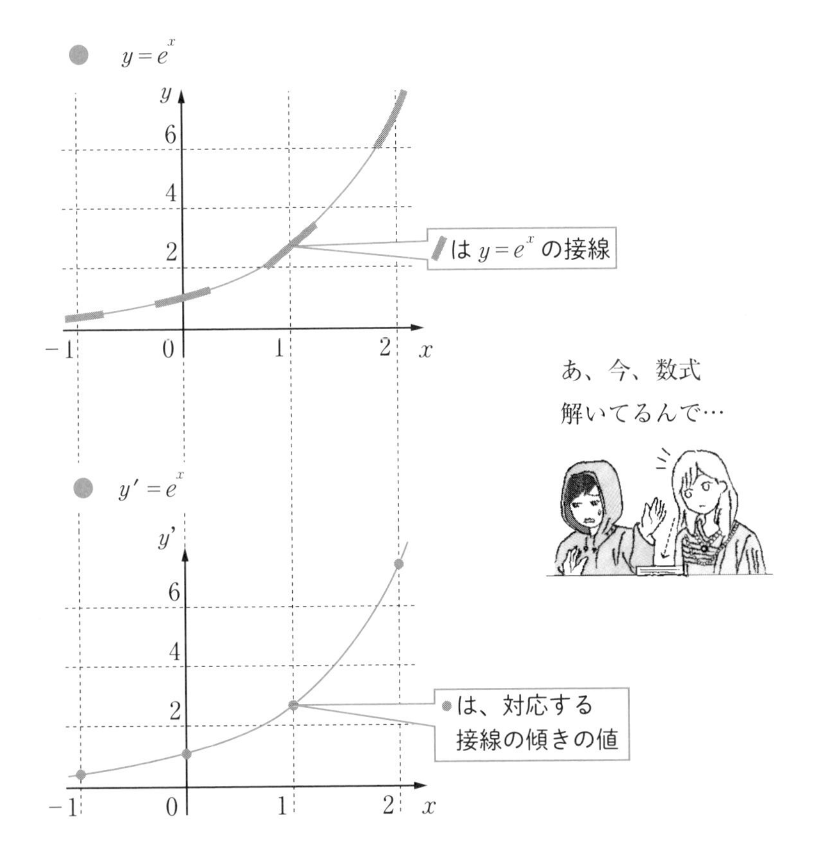

ネイピア数はその定義にも注目されますが、一番注目するべきポイントはその指数関数 e^x が傾きと同じになることです。微分なしにはネイピア数の意味は語れません。

最後に紹介するのが**対数関数**$f(x)=\log_e x$です。傾きが$\dfrac{1}{x}$という形で表されますので、増加するスピードがかなり遅い関数であることがわかります。

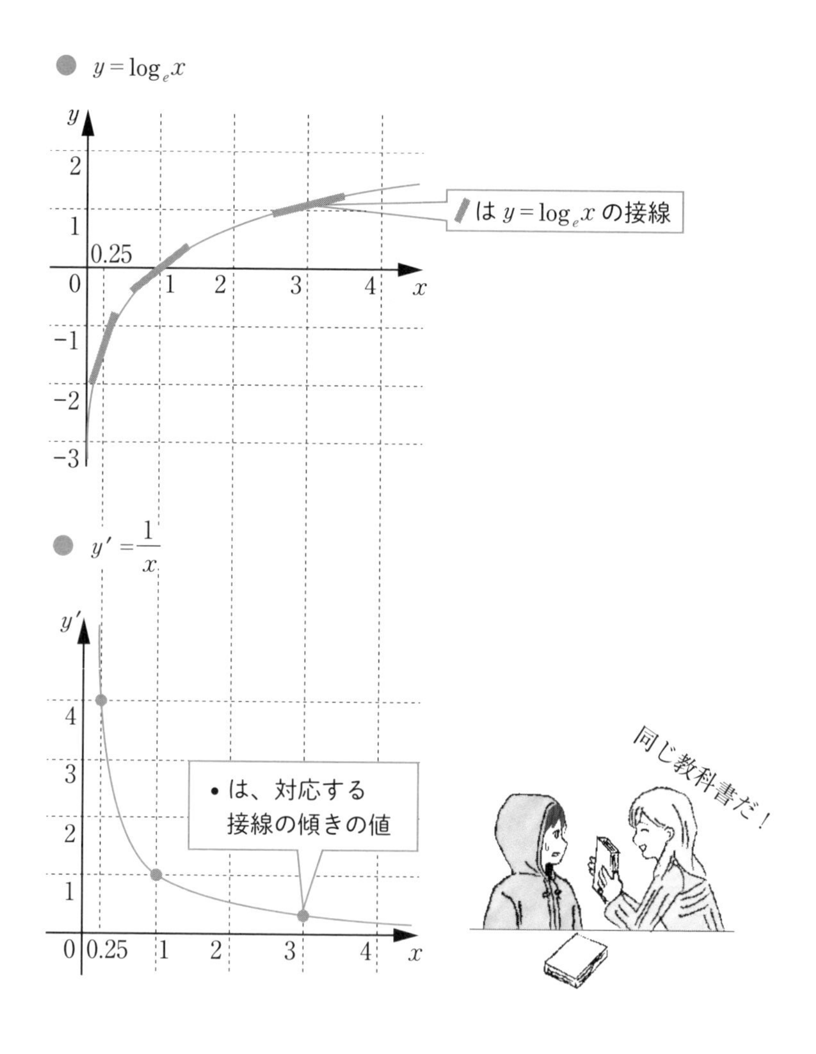

微分の定義の意味を理解しておく

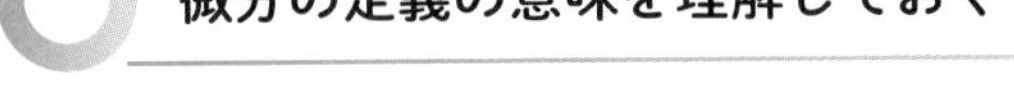

微分とは傾きを求めること、ということを確認できたら、次は微分の定義を感覚的に理解しましょう。

ある関数の傾きを求める、つまり**微分係数**を求める式は、極限を使って下のように表されます。この式は微分の学習の初期に現れますが、実際のところは難解で、学習初期に意味がわかる高校生はほとんどいないと思われます。ですが微分係数の定義は重要ですので、大学数学を学ぶ前にしっかりと復習しておきましょう。

$$f'(a)=\lim_{h\to 0}\frac{f(a+h)-f(a)}{h}=\lim_{x\to a}\frac{f(x)-f(a)}{x-a}$$

この意味をしっかり直感的に理解するためには、実際の式やものの動きに当てはめて微分の定義を理解するのが一番だと思います。

例えば、下にある車が走る時の、時間と距離の関数のグラフがあります。この関数を時間で微分した**導関数**が速さの関数になるわけです。その求め方を考えてみましょう。

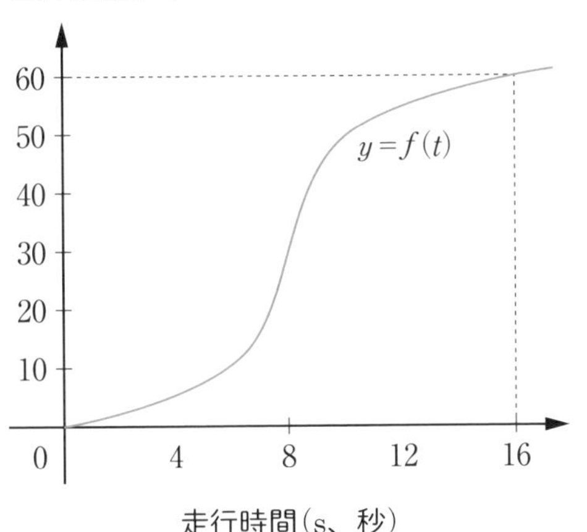

ここでは、この車のt=8における速さ$f'(8)$を求めることを考えてみましょう。

まず、t=8から8秒間で進んだ距離を考えます。この場合は8秒間に30m進んでいますから、速さは3.75m/sとなります。

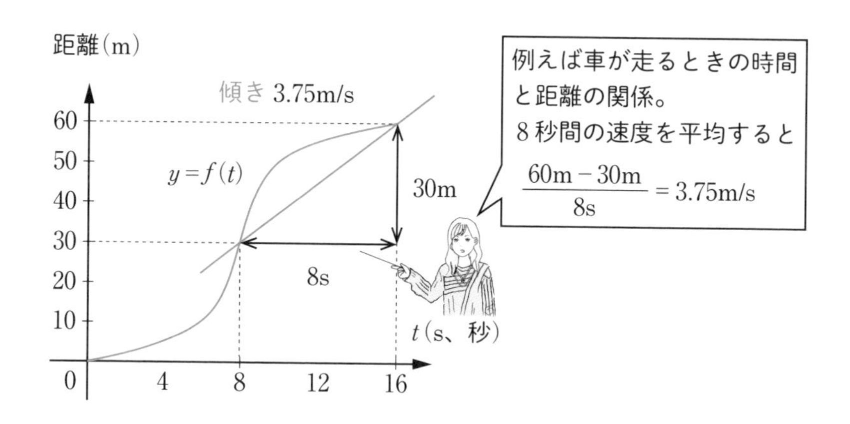

次にt=8から4秒間で進んだ距離を考えます。この場合は4秒間に25m進んでいますから、速さは6.25m/sとなります。

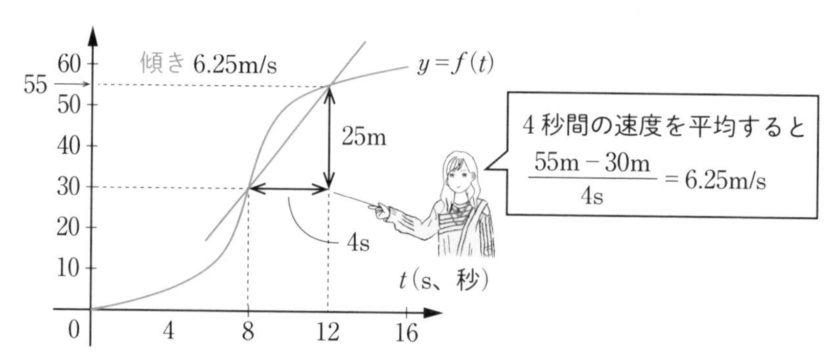

次に $t=8$ から2秒間で進んだ距離を考えてみます。この場合は2秒間に20m進んでいますから、速さは10m/sとなります。

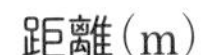

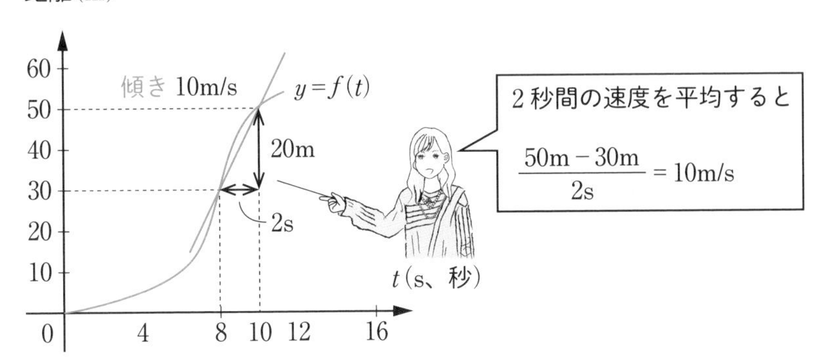

こうやって、どんどん時間間隔を短くしていくと、傾きはある一定の値に収束します。その値が**微分係数**となるわけです。

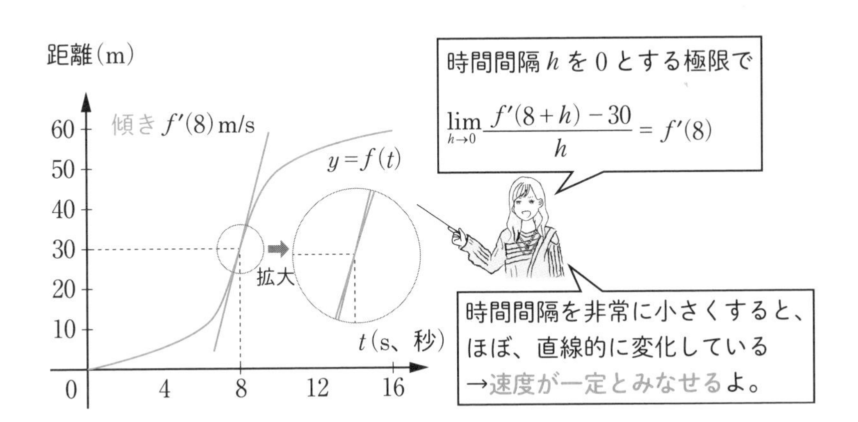

あらためて微分係数の定義に戻ってみましょう。

$$f'(a)=\lim_{h\to 0}\frac{f(a+h)-f(a)}{h}$$

この極限を使った微分係数の定義と、だんだん時間間隔を短くしていった時の直線の傾きが結び付けば、微分を感覚的に理解できたと言って良いでしょう。

同じ形で、極限を使った導関数の定義は次のように得られます。

$$f'(x)=\lim_{h\to 0}\frac{f(x+h)-f(x)}{h}$$

$\frac{dy}{dx}$は分数ではないが、分数のように扱える

微分の記号$\frac{dy}{dx}$は分数ではありません、と高校で教えられたかもしれません。だからこれは「ディーワイ、ディーエックス」と読んで、「ディーエックス分のディーワイ」と読むと間違いだと言われてしまいます。

しかしながら、この微分記号は実際には、分数のように扱うことができます。そして、大学数学を学ぶためにはその扱いに慣れておく必要があります。

もともとdxは微小なxの増分、dyは微小なyの増分を表します。ですので、$\frac{dy}{dx}$すなわち微小なyの増分を微小なxの増分で割ったものとなり、傾きを表すわけです。

この感覚が必要ですが、高校数学の問題ではこの扱いは**置換積分**以外では使うことが少ないです。そして置換積分は意味よりも、手順を記憶して対応している高校生がほとんどだと思います。

ここでは**媒介変数の微分**、**陰関数の微分**から、dy や dx の扱いに慣れて下さい。

まず、xy 座標に下のような単位円を考えます。この時に円の式は $x^2+y^2=1$ と表せます。これを微分することを考えてみます。

これは**陰関数**の形式ですが、陽関数にすると $y=\sqrt{1-x^2}$ 、$y=-\sqrt{1-x^2}$ と、2つの式に分かれてしまい、扱いが面倒になります。だから、傾きを考える時は陰関数のままの形で扱うことを考えます。

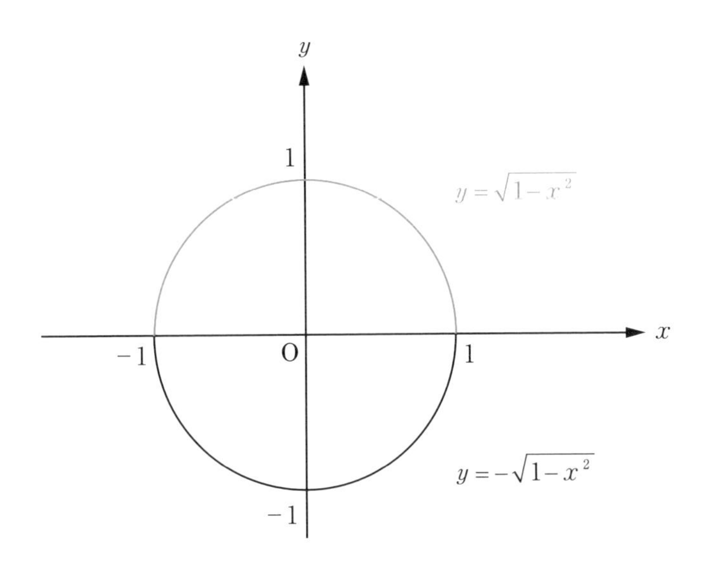

$x^2+y^2=1$ の両辺をそれぞれ x で微分することを考えてみましょう。x^2 と1は簡単に x で微分できますが、y^2 を x で微分するとどうなるでしょうか？

ここでは次のように考えます。x での微分を表す $\dfrac{d}{dx}$ は分数のように分解できます。つまり $\frac{d}{dx}=\frac{d}{dy}\cdot\frac{dy}{dx}$ と分けることができるのです。そして $\frac{d}{dy}(y^2)$ は $2y$ と微分することができますから、結局 y^2 を x で微分すると $2y\frac{dy}{dx}$ となるわけです。

こんな風に、dy や dx は分数のように扱うことができます。

ですから、$\frac{dy}{dx}$ は下のように求められます。

$$x^2 \quad + \quad y^2 \quad = \quad 1$$

$$\frac{d}{dx}(x^2) \quad + \quad \frac{d}{dx}(y^2) \quad = \quad \frac{d}{dx}(1)$$

$$=2x \qquad =\frac{d}{dy}(y^2)\cdot\frac{dy}{dx} = 2y\frac{dy}{dx} \qquad =0$$

$$2x \quad + \quad 2y\frac{dy}{dx} \quad = \quad 0$$

$$\Rightarrow \quad \frac{dy}{dx}=-\frac{x}{y}$$

x と y が混在した式は少し奇妙に見えるかもしれませんが、傾きを表すにはこれで十分です。このまま扱うことができます。

例えば、単位円上の$\left(\frac{\sqrt{2}}{2},\ \frac{\sqrt{2}}{2}\right)$における傾きは$-1$、$\left(\frac{\sqrt{2}}{2},\ -\frac{\sqrt{2}}{2}\right)$における傾きは1と求めることができます。

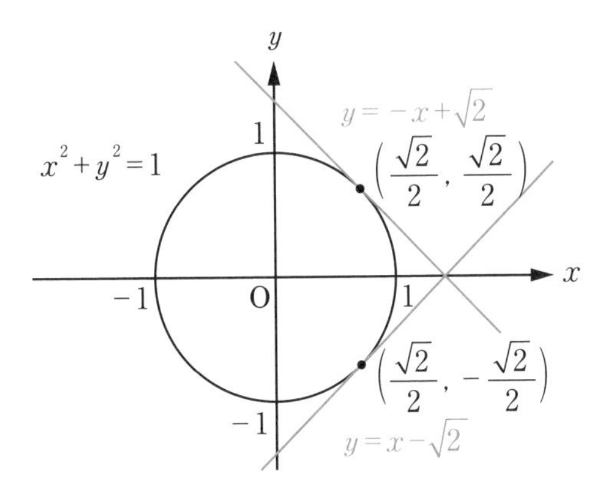

また、同じ計算を**媒介変数**を使って行ってみます。

単位円は三角関数を使って$(\cos\theta,\ \sin\theta)$、すなわち$x=\cos\theta$、$y=\sin\theta$と**媒介変数**$\theta$を使って表すことができます。

この時に傾き$\frac{dy}{dx}$は$\frac{\frac{dy}{d\theta}}{\frac{dx}{d\theta}}$、つまり$y$を$\theta$で微分した式を、$x$を$\theta$で微分した式で割ったものとなります。

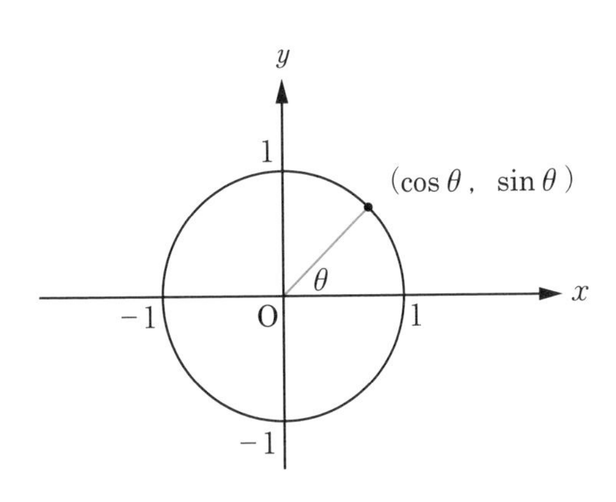

$\cos\theta$、$\sin\theta$ を θ で微分するとそれぞれ $-\sin\theta$、$\cos\theta$ となりますから、$(\cos\theta, \sin\theta)$ における傾き $\dfrac{dy}{dx}$ は $-\dfrac{\cos\theta}{\sin\theta}$ となるわけです。

$$\frac{dy}{dx}=\frac{\dfrac{d}{d\theta}\sin\theta}{\dfrac{d}{d\theta}\cos\theta}=-\frac{\cos\theta}{\sin\theta}$$

実際、陰関数の時と同じように、この式を使って、単位円上の $\left(\dfrac{\sqrt{2}}{2}, \dfrac{\sqrt{2}}{2}\right)$ つまり $\theta=\dfrac{\pi}{4}$ における傾きは -1、$\left(\dfrac{\sqrt{2}}{2}, -\dfrac{\sqrt{2}}{2}\right)$ つまり $\theta=\dfrac{7\pi}{4}$ における傾きは1と求めることができます。

このように dy や dx を分数のように扱う方法に慣れておきましょう。

積分＝面積の概念をしっかりと（積分）

積分は高校数学において到達点と言える項目です。また、試験問題にしやすいこともあって、受験の時は格闘した人も多いでしょう。

しかしながら、積分の意味を深く考えた人はそれほど多くないと思います。意味を考える以前に問題を解くテクニックを追い求めた人がほとんどでしょう。

大学数学になると積分も多変数や複素積分など、どんどん拡張されていきます。そのために高校で習う1変数の積分の深い理解が必要ですので、しっかり復習しておきましょう。

積分で面積を求める仕組み

高校で習う積分の一番大きな役割は面積を求めることだと思います。

定積分の値が下のように、関数$f(x)$とx軸で囲まれた部分の面積になることは良く知っていることでしょう。

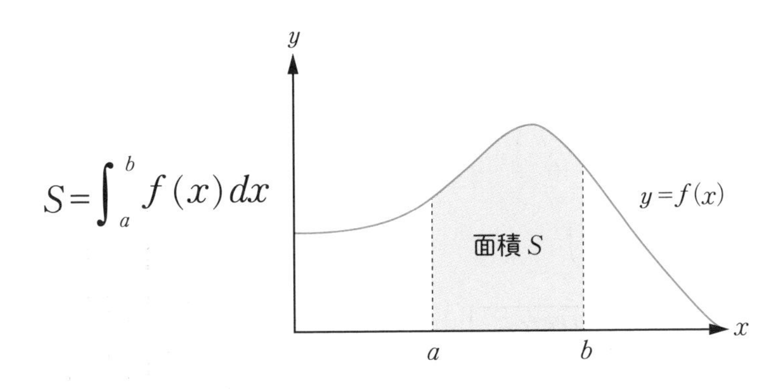

まず、定積分から面積を求める仕組みについて説明します。

原理は本当に簡単で、この部分の面積を求めるために、まず区間を数個の長方形に分割します。そして、それを足し合わせます。下の例では5つに分割しています。

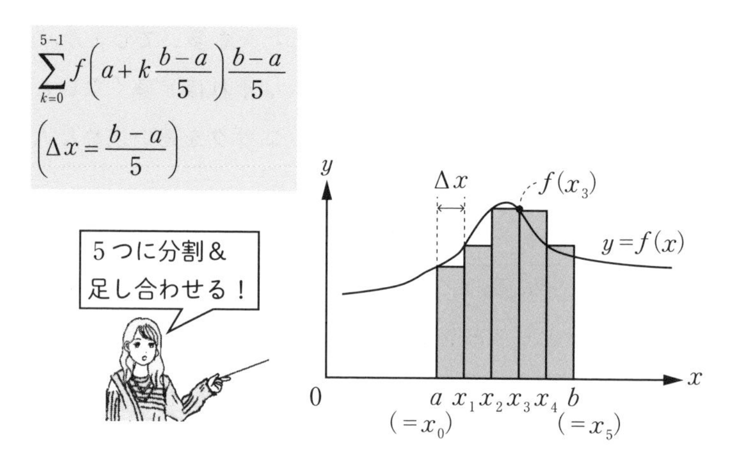

$$S \fallingdotseq f(x_0)\,\Delta x + f(x_1)\,\Delta x + f(x_2)\,\Delta x + f(x_3)\,\Delta x + f(x_4)\,\Delta x$$

もちろん、このようにして求めた面積には大きな誤差があります。だから、分割数を多くして、精度を高めることを考えます。下図では分割数を10個に増やしています。

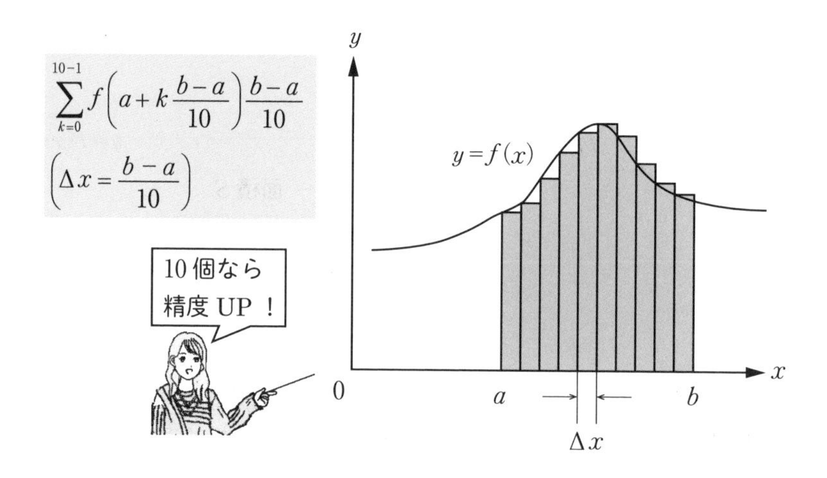

10個でも十分ではありませんが、この分割数を無限大にした極限では、求めたい$f(x)$とx軸との面積は長方形の和と等しくなります。

これが定積分を使って、面積を求める仕組みです。

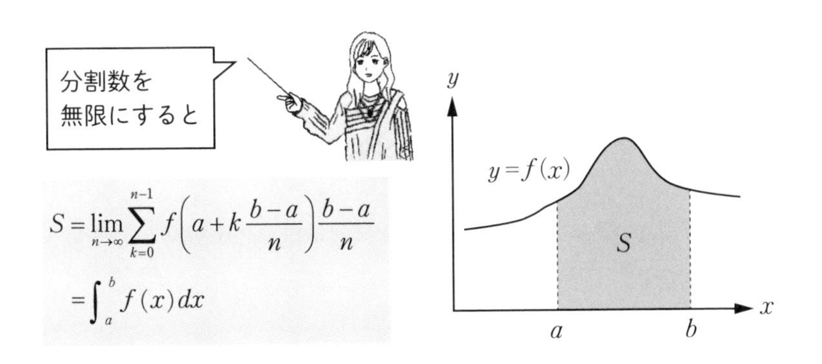

この仕組みを理解すれば、区間の中で$f(x)$が負の時には、積分値が負になることも理解できるでしょう。面積は0以下にはなりませんが、$f(x)$が負になれば、$f(x)\times dx$は負になります。

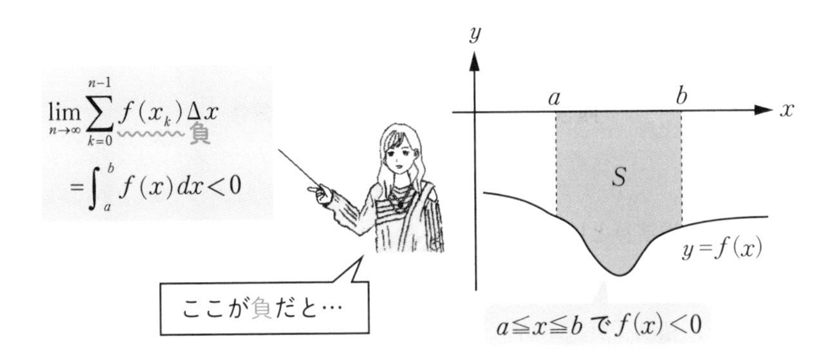

ですから、上図の面積Sを求める時には、積分値の符号を変える必要があります。

$$S=-\int_a^b f(x)\,dx$$

原始関数とは面積の関数

ある関数$f(x)$を微分した関数、つまり導関数$f'(x)$は「傾きの関数」という話をしました。それではある関数$f(x)$の原始関数$F(x)$は何でしょうか？

この質問に対し、多くの人は「原始関数$F(x)$を微分すると$f(x)$になる」と答えると思います。

これは微積分の基本定理と呼ばれて、微分は積分の逆演算ですので、確かに正しいです。

微積分の基本定理

連続関数$f(x)$について下式が成り立つ（積分は微分の逆演算である）。

$$\frac{d}{dx}\int_a^x f(t)dt = f(x)$$

	面積・積分 →		面積・積分 →	
$f'(x)$		$f(x)$		$F(x)$
導関数	← 傾き・微分		← 傾き・微分	原始関数

しかし、逆演算というだけではなく、なんかしらのイメージも欲しいと思うのです。

そこで、私は「原始関数$F(x)$は関数$f(x)$の面積の関数である」というイメージを持っていただきたいと考えています。

微積分の基本定理の式に戻ってみましょう。先ほども説明したように、この式は左辺の原始関数$F(x)$を微分すると、右辺の$f(x)$になる形です。

ここで原始関数 $F(x)$ にフォーカスするために、両辺を積分してみましょう。すると右辺は $f(x)$ の原始関数である $F(x)$、左辺は下のような式になります。

$$\frac{d}{dx}\int_a^x f(t)dt = f(x) \text{ の両辺を積分する}$$

$$(\text{左辺}) = \Big[F(x)\Big]_a^x \qquad (\text{右辺}) = F(x)$$
$$= F(x) - F(a)$$

ここでわかりやすいように、定積分の始点 a を0としましょう。a はいくつでもよいのですが、0とすると定積分の範囲が0から x までとなり、わかりやすいからです。

そうすると、右辺が $F(x)$、左辺は $F(x)-F(0)$ となることがわかるでしょう。これは変な式です。「$F(x)$」と「$F(x)$ から $F(0)$ を引いたもの」が同じになるなんておかしいです。

微積分の基本定理は左辺を微分しない方がわかりやすいのですが、この問題が生じるので、わざわざ微分しているのでしょう。

なぜこんなことになるかというと、$f(x)$ の原始関数 $F(x)$ は1つに定まらないからです。つまり、**積分定数** C の存在があるのです。$F(0)$ は定数ですので、$F(x)$ が $f(x)$ の原始関数であるならば、$F(x)-F(0)$ も $f(x)$ の原始関数です。だから、右辺と左辺の $F(x)$ は同じ $f(x)$ の原始関数ですが、定数項が違う関数だということになります。

ですが両辺を微分してしまうと、定数項が消えてしまうため、厳密に等式が成り立ちます。

ただ、この原始関数の中の１つ、$F(0)=0$ を満たすものを $F_0(x)$ とすると、$F_0(x)$ は次のように表されます。つまり、原始関数 $F_0(x)$ とは関数 $f(t)$ を０から x まで積分した関数です。つまり０から x の面積が $F_0(x)$ となるわけです。

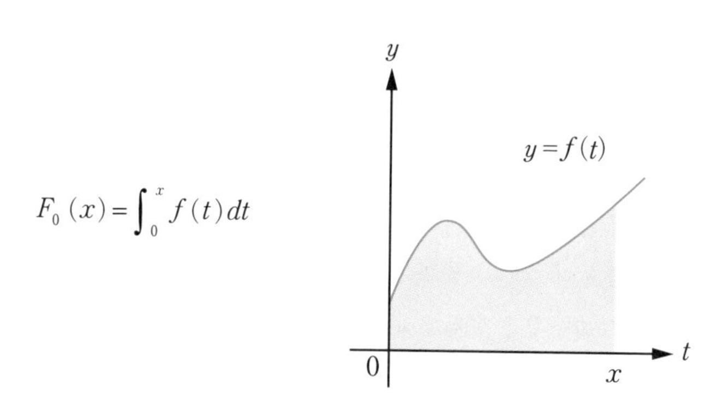

この議論から、原始関数は $f(x)$ の**面積の関数**と考えられるのです。

これを示すと、次のように微分と積分が「傾き」と「面積」という言葉でつながります。このイメージは微積分の理解をさらに深めてくれることでしょう。

	面積・積分 →		**面積・積分** →	
$f'(x)$		$f(x)$		$F(x)$
	← **傾き・微分**		← **傾き・微分**	
導関数				原始関数

体積や曲線の長さの計算も重要

これまでさんざん積分は面積を求めるもの、と話してきましたが、積分の可能性はそれだけにとどまりません。大学に入ると、重積分、線積分、ベクトル関数や複素関数の積分といった面積以外のものを求める積分もたくさん登場します。

実は高校数学でも、体積や曲線の長さを求める積分が登場しているのですが、特に曲線の長さは問題が作りにくいということもあり、あまり重きが置かれません。

体積や曲線の長さをしっかり理解しておくと、大学数学の理解が楽になります。ですから、ここで復習しておきましょう。

まず体積を求める計算です。積分で体積を求める考え方は、複雑な立体を体積が計算できる図形に分解するということです。

例えば、下図左のような円柱であると、(底面積×高さ)の公式で簡単に体積を求めることができます。しかし、下図右のような図形になると、簡単に体積を求めることができません。

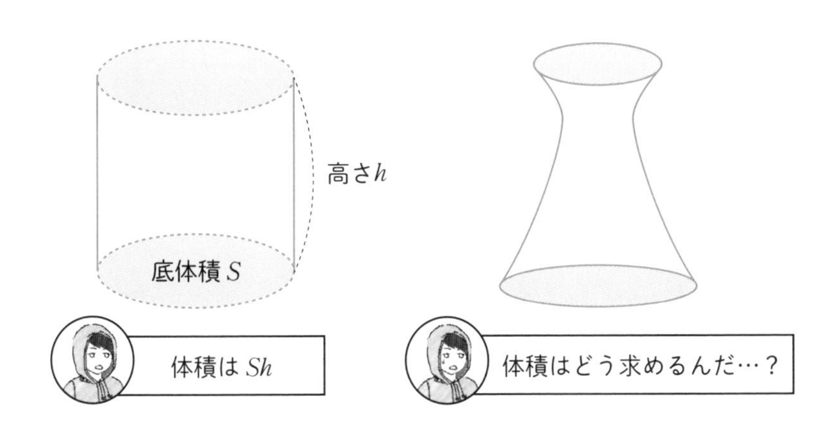

ですから、この図形を体積の計算ができる円柱に分解してしまいます。そして、その円柱の体積の和を求めて、体積とするわけです。

有限の分割数だと誤差があります。しかし、その分割数を無限にする極限では、厳密に求めたい図形の体積に一致します。

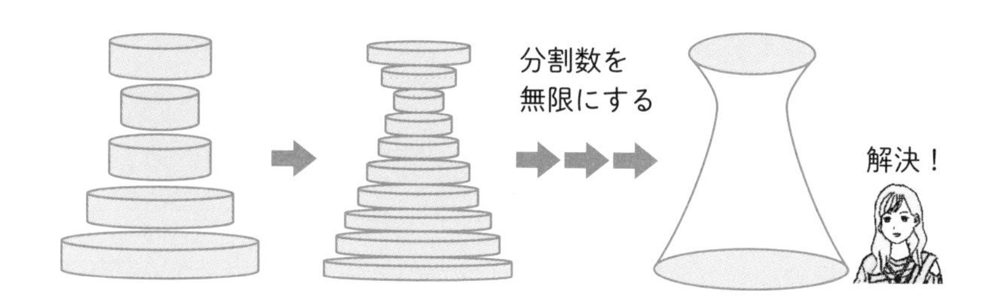

この「分割数を無限にする」という考え方は積分ですので、立体の体積は積分を使って下のように表されます。

立体の体積

立体を x 軸に対して垂直な平面で切ったときの断面積を $S(x)$ とすると、この立体の体積 V は下式で求められる。

$$V=\int_a^b S(x)\,dx$$

$S(a)$　$S(x)$　$S(b)$

a　x　b　x軸

なお、高校では「x 軸周りに回転させた立体の体積」を求めるための公式も教えられます。しかし、これは立体の断面積 $S(x)$ が $\pi(f(x))^2$ と表せますから、全く同じことを言っていることがわかるでしょう。

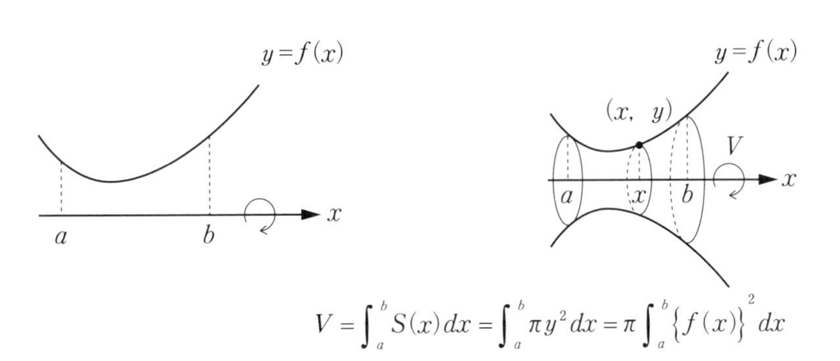

$$V=\int_a^b S(x)\,dx=\int_a^b \pi y^2\,dx=\pi\int_a^b\{f(x)\}^2\,dx$$

参考のため、積分を使って円すいの体積を求めてみます。中学で習ったときには「$\frac{1}{3}$ はなぜ出てくるのだ」と不思議に思った人も多いでしょうが、これは面積の x^2 を積分して出てきた数だったというわけです。

例 円すいの体積

下図のように直線 $y=ax$ を x 軸の周りに回転させた円すいの体積を求める。つまり、底面が半径 ah の円、高さが h の円すいである。

$$V=\int_0^h S(x)\,dx=\int_0^h \pi a^2x^2\,dx$$
$$=\pi a^2\int_0^h x^2\,dx=\pi a^2\left[\frac{1}{3}x^3\right]_0^h$$
$$=\frac{1}{3}\pi a^2h^3$$

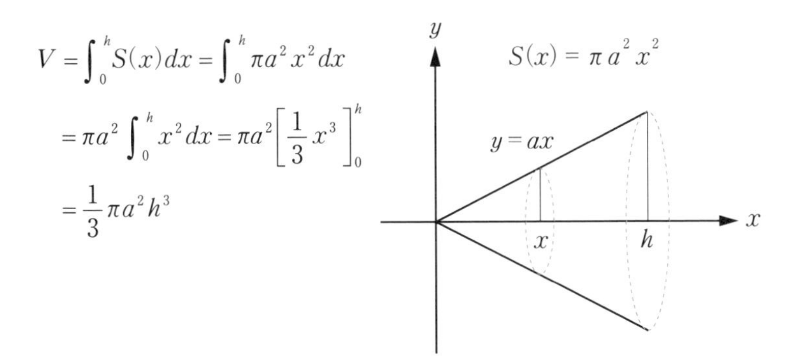

次に曲線の求め方です。こちらはちょっと複雑になります。

まず、下のようにaからbの区間の曲線の長さを求めることを考えてみましょう。この時の考え方はこのようなものです。

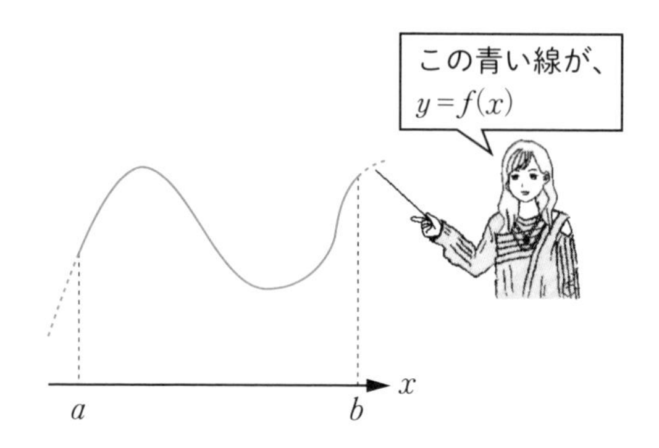

曲線の長さは簡単に求められませんが、直線の長さであれば三平方の定理を使って簡単に求めることができます。

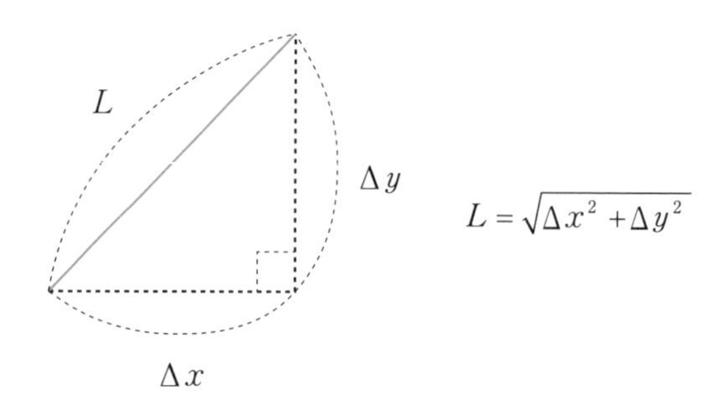

だから、曲線を直線に分割するのです。そして、その直線の和を求めます。

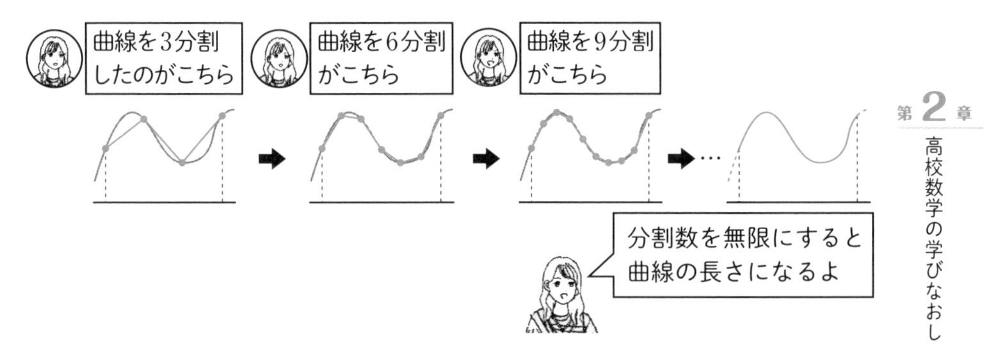

最後に分割数を無限大にする極限を考えると、曲線の長さを求めることができるわけです。

この時に分割した直線の長さは横が dx、縦が $dy=f'(x)\,dx$ になります。だから、曲線の長さは下のような公式で与えられます。

$$L=\int\sqrt{(dx)^2+(dy)^2}=\int\sqrt{1+\left(\frac{dy}{dx}\right)^2}\;dx$$

また、媒介変数 (t) を使った場合はさっきより少し見通しの良い式になります。

$$L=\int\sqrt{(dx)^2+(dy)^2}=\int\sqrt{\left(\frac{dx}{dt}\right)^2+\left(\frac{dy}{dt}\right)^2}\;dt$$

この式を使って、具体的に曲線の長さを求めた例を次に示します。

例 関数 $y=f(x)=\dfrac{x^3}{3}+\dfrac{1}{4x}$ の $1\leqq x\leqq 2$ における長さを求める。

$f'(x)=x^2-\dfrac{1}{4x^2}$ なので、曲線の長さを L とすると、

$$L=\int_1^2\sqrt{1+\left(x^2-\frac{1}{4x^2}\right)^2}\,dx$$

$$=\int_1^2\sqrt{\left(x^2+\frac{1}{4x^2}\right)^2}\,dx$$

$$=\int_1^2\left(x^2+\frac{1}{4x^2}\right)dx$$

$$=\left[\frac{x^3}{3}-\frac{1}{4x}\right]_1^2=\frac{59}{24}$$

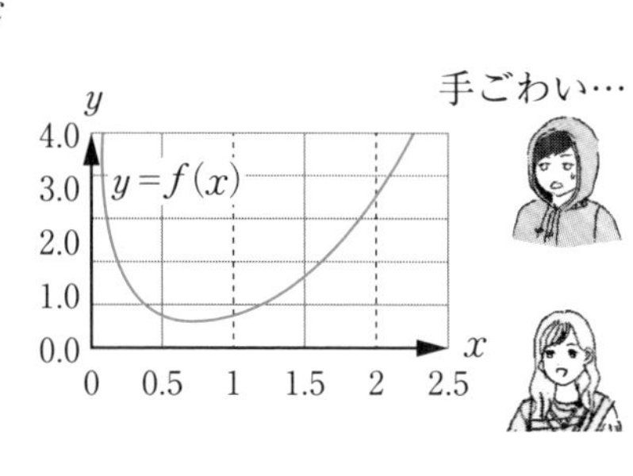

この例を見ると、曲線の問題が重要なのに高校数学で出題されにくい理由がわかると思います。長さは $\sqrt{1+\{f'(x)\}^2}$ を積分する形で表されますが、これをきちんと計算できる式を作るのが難しいのです。この例はルートが取れて積分できるように、かなり作為的な式になっています。

置換積分を根本的に理解する

置換積分を簡単に説明すると、「合成関数の微分公式を逆に使ったもの」と言えます。本質的には、色々な合成関数を微分しながら、求める原始関数を見つけることと同じです。

$$\{f(g(x))\}'=f'(t)\cdot g'(x)$$

$(t=g(x))$

合成関数の微分

$$\int f'(g(x))\cdot g'(x)\,dx=\int f'(t)\,dt$$

$$\left(\frac{dt}{dx}=g'(x)\rightarrow dt=g'(x)\,dx\right)$$

置換積分

例 $f(x)=e^x \quad g(x)=x^2$ とすると $f'(x)=e^x \quad g'(x)=2x$

合成関数の微分 $(e^{x^2})'=2xe^{x^2}$ $\{f(g(x))\}'=g'(x)\cdot f'(g(x))$

置換積分 $\int 2xe^{x^2}=e^{x^2}+C$

$$\int g'(x)\cdot f(g(x))dx=\int f'(t)dt$$
$$=f(g(x))+C\ (t=g(x))$$

ただし、手順を踏んで置換積分する場合は、**変数変換**の方法に気をつける必要があります。特に**定積分の積分範囲**には注意が必要です。

この変換は、高校数学の１変数レベルだと、何となく手順を暗記してできてしまうかもしれません。でも、大学に入って**多変数**の変数変換が出てくると、深く理解しておかないと意味がわからなくなります。まず、１変数でしっかり理解しておきましょう。

例えば、下のような積分を考えます。置換積分を使うまでもない簡単な積分ですが、このくらい単純だと本質がわかりやすくなります。

$$\int_1^2 2xdx$$

ここで、$y=2x$ という関数を積分するために、$t=g(x)=2x$、$f(t)=t$ として置換積分を行います。

$$\int_1^2 2xdx=\int_1^2 f(g(x))dx \qquad (f(t)=t,\ \ t=g(x)=2x)$$

ここで $t=g(x)$、すなわち $t=2x$ とおいて、x から t に変数を変換します。この時、$y=f(g(x))$ も $y=f(t)$ も変数が違うだけで、ある t や $g(x)$ に対応する y の値は同じです。

だから、次のグラフのように、x 軸の取り方を工夫すると、y の値は同じ値にすることができます。

これは言い方を変えると、変数変換によって発生する歪みを全て横軸（t 軸）に押し込めた形になっているわけです。

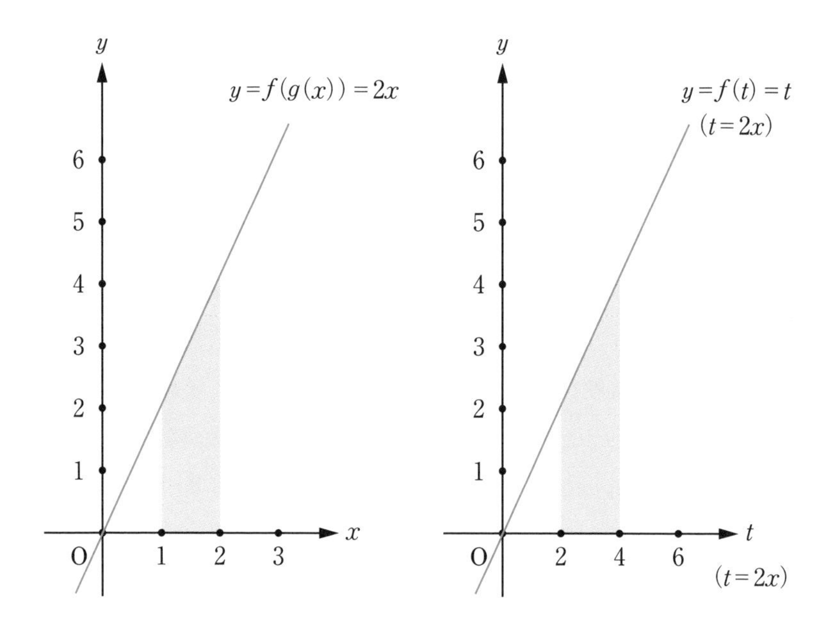

さらに、横軸を解析してみます。

これは x と t の数直線で見ると下のようになります。x 軸を dx 動かしたとき、t 軸上では同じ長さが 2 倍になって $2dx$ 動きます。だから $dt=2dx$ となり、$dx=\frac{dt}{2}$ が成り立つのです。

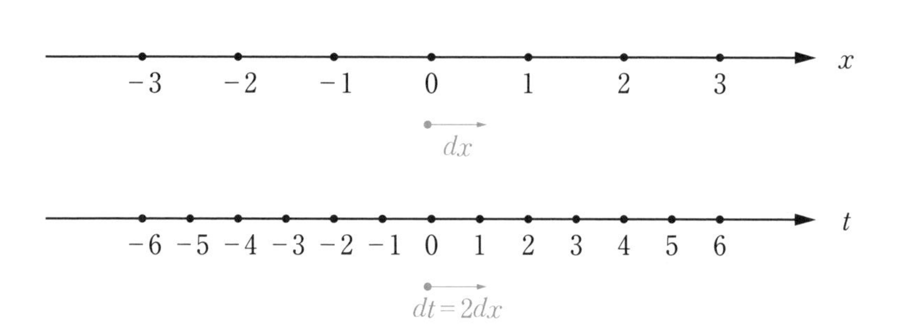

ですから、$dx=\frac{dt}{2}$を使って、積分変数をxからtに変換すると、下式のように積分値を得ることができます。

$$\int_1^2 2x dx=\int_2^4 t\left(\frac{dt}{2}\right)$$
$$=\int_2^4 \frac{t}{2}dt$$
$$=\left[\frac{t^2}{4}\right]_2^4$$
$$=4-1$$
$$=3$$

$$\frac{dt}{dx}=2 \longrightarrow dx=\frac{dt}{2}$$

x	0	1	2
t	0	2	4
$f(g(x))=f(t)$	0	2	4

もう1つ例を出します。こちらも置換積分を使う必要のない積分ですが、先ほどよりは複雑になります。

$$\int_1^2 x^3 dx = \int_1^2 f(g(x))dx \qquad \left(f(t)=t^{\frac{3}{2}},\ t=g(x)=x^2\right)$$

$t=x^2$とおくと、下のように積分が行えます。ここで難解なポイントは$dx=\frac{dt}{2x}$としているところです。この関係は何を意味しているのでしょうか？

$$\int_1^2 x^3 dx=\int_1^4 t\cdot x\left(\frac{dt}{2x}\right)$$

$t=x^2$だから$x^3=t\cdot x$

$$=\int_1^4 \frac{t}{2}dt$$
$$=\left[\frac{t^2}{4}\right]_1^4$$
$$=4-\frac{1}{4}$$
$$=\frac{15}{4}$$

$$\frac{dt}{dx}=2x \longrightarrow dx=\frac{dt}{2x}$$

x	0	1	2
t	0	1	4
$f(g(x))=f(t)$	0	1	8

これは軸の場所により拡大率が違うことを示しています。

先ほどの例と同様に、数直線でxとtの関係を示してみます。今度は軸が歪んでいることがわかるでしょう。つまり、この変換をすると軸の目盛りが等間隔ではなくなります。また、$t=x^2$の時tは負にはなれませんから、軸にも負の数は存在しません。

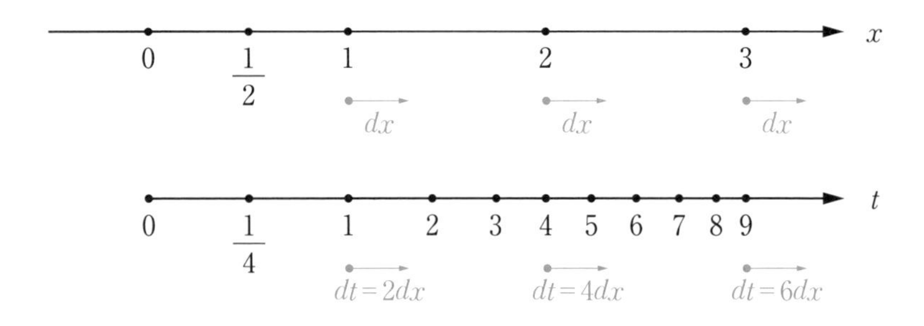

$x=2$の時にx軸とt軸を比較してみましょう。$x=2$の微小区域ではx軸上でdxだけ動くと、t軸上では$4dx$動きます。だから、$dt=4dx$となるわけです。また、$x=1$では$dt=2dx$、$x=3$では$dt=6dx$となります。

つまり、今回の場合この軸の拡大率はxの値（数直線上の場所）によって異なるわけです。一般化すると、$x=a$の箇所では、$dt=2adx$となります。

これが座標変換の時の$dt=2xdx$の意味になります。

変数変換によって、軸が**歪む**という感覚をぜひつかんでおいて下さい。

スカラーより便利なことに気づいて欲しい(ベクトル)

高校生に「ベクトルって何?」と聞くと、多くの人が「矢印」と答えるのではないでしょうか? 高校で習うベクトルは向きと大きさを持った量と教えられます。一方、大学数学ではもっと一般的に、さまざまな数を詰め込んだ箱、とみる方が正確です。

実際、大学の数学においては、高校で習う2次元や3次元だけでなく、もっと多次元のベクトルが登場してきますし、ベクトルで表す対象も図形や方向だけではなく、もっと広がっていきます。

そのためにも、ベクトルを一般化する視点で、高校数学のベクトルを見直してみましょう。

2次元と3次元を別々に考えない

ベクトルがなぜ重要なのか? それは「美しい」といった、純粋数学の視点を除けば、結局、「便利だから」ということに落ち着きます。

それで何が便利なのかというと、それは複数の数字をひとまとめに扱うことができるからなのです。この話だけで、理解できる人はほとんどいないと思うので、順を追って説明します。

高校のベクトルで**位置ベクトル**を勉強したと思います。位置ベクトルとは次のようなものです。

位置ベクトル

座標平面上で原点Oを始点としたベクトルを位置ベクトルという。

ベクトルは一般的に始点を決めない。一方、位置ベクトルは始点をOに固定するので、ベクトル $\overrightarrow{OP} = \vec{p}$ は点Pの位置を表す。

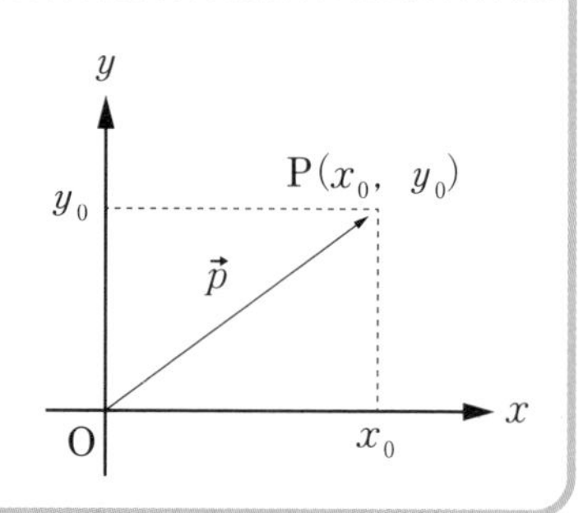

これを勉強して思わなかったでしょうか？　「そんなの座標と同じでしょ。だったら座標を使えば良いじゃないか」と。

実際のところ、2次元くらいだとベクトルの便利さは体感できないことでしょう。実際に座標で十分です。しかし、次元が増えてくるとその効果がでてくるのです。

例として、直線ABを $m : n$ に内分する点Pの位置を表すことを考えてみましょう。2次元と3次元で座標で表すと次のようになります。3次元になると数字が増えて複雑になっていきます。

2次元だと、A (x_a, y_a)、B (x_b, y_b) に対してPの座標は、

$$\left(\frac{mx_b + nx_a}{m+n}, \frac{my_b + ny_a}{m+n}\right)$$

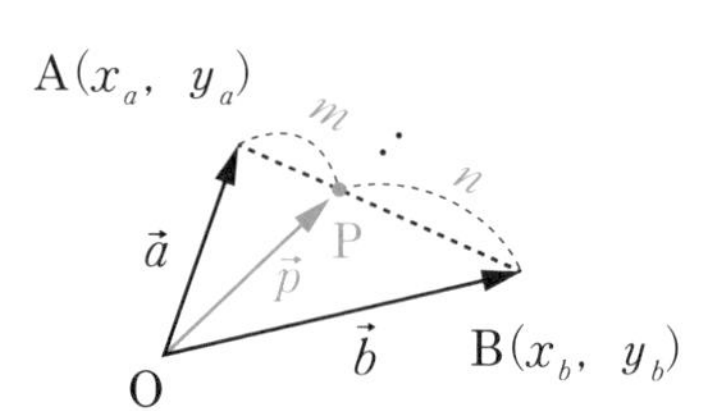

3次元だと、A(x_a, y_a, z_a)、B(x_b, y_b, z_b)に対してPの座標は、

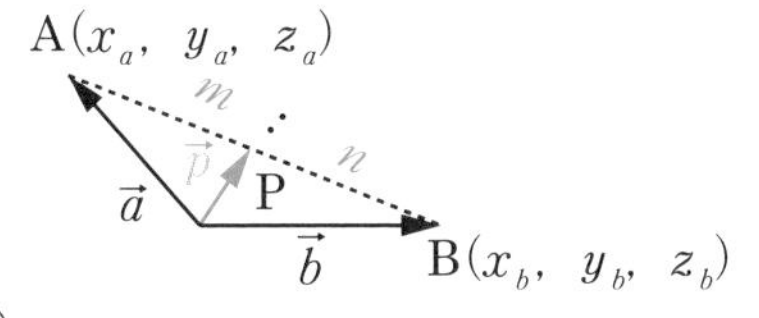

$$\left(\frac{mx_b+nx_a}{m+n}, \frac{my_b+ny_a}{m+n}, \frac{mz_b+nz_a}{m+n}\right)$$

しかし、2次元でも3次元でも位置ベクトルで表すと同じ形になります。

> 次元に関わらず、A$(\vec{a})$、B$(\vec{b})$に対して、Pの位置ベクトル$\vec{p}$は
>
> $$\vec{p}=\frac{m\vec{b}+n\vec{a}}{m+n}$$

このベクトルの内分の式は空間が4次元になろうが、5次元になろうが同じ形で扱えます。このような一般性が数字をベクトルとして扱うメリットになってくるのです。

これは円の方程式でも一緒です。

例えば、下のベクトル方程式は2次元では円を表します。さらにこれは3次元だと球の方程式になるし、4次元、5次元と拡張しても、それぞれの次元の球体を表すことができます。

点Cを中心とし、半径rの円（球）

$$|\vec{p}-\vec{c}|=r$$

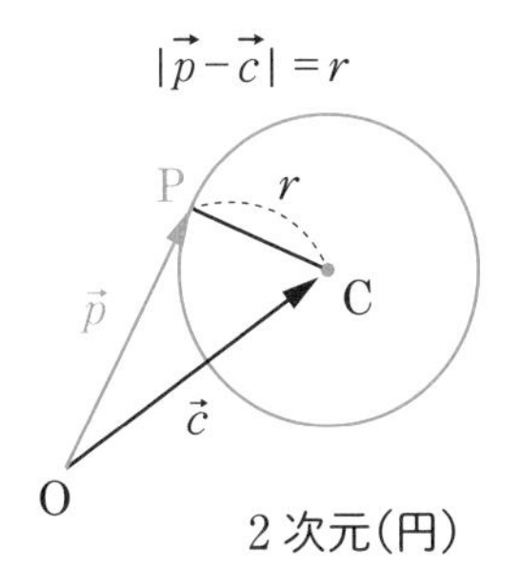

2次元（円）

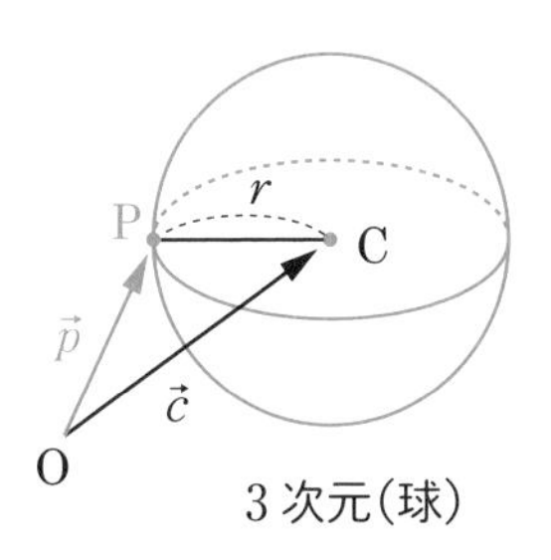

3次元（球）

例えば、宇宙や素粒子のような理論は空間を３次元と考えていては説明がつかない場合があります。だから、次元を拡張するわけですが、それは人間が想像できるものではありません。そんな人類の感じえない世界を数式で表すために、ベクトルのこのような性質がとても有効になってくるわけです。

ですから、高校数学のベクトルを学びなおす時には、平面ベクトル（２次元）と空間ベクトル（空間）を分けずに１つのものとして表すことを考えましょう。その視点でベクトルを勉強すると、大学の数学の理解が容易になることでしょう。

一次独立を拡張してみる

次には大学での線形代数を学ぶために重要な一次独立を考えてみたいと思います。

高校数学の教科書にはベクトルの一次独立は次の形で紹介されています。

ベクトルの一次独立

平面上の２つのベクトル$\vec{a}$、$\vec{b}$が０でも平行でもないとき、この２つのベクトルは一次独立であるという。このとき、平面上の任意のベクトル$\vec{p}$は実数m、nを用いて、$\vec{p}=m\vec{a}+n\vec{b}$とただ一通りに表せる。

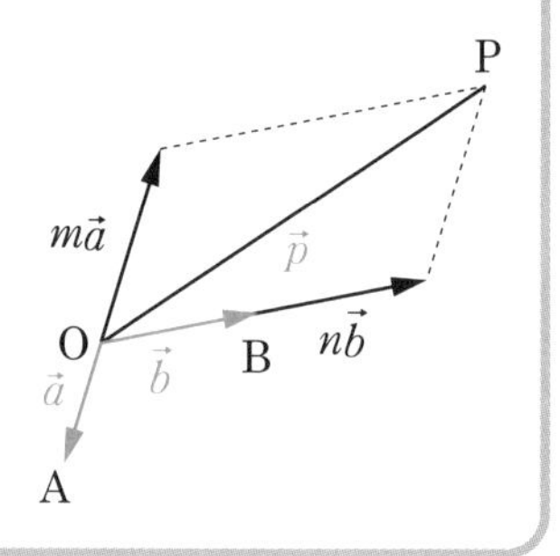

しかし、一次独立のこの定義は、とても回りくどくてわかりにくいと感じます。だから、一次独立の反対である一次従属を理解して、一次従属でない状態が一次独立と考えた方が良いでしょう。

それでは一次従属とはどんな状態でしょうか。まず２次元で考えると、ある２つのベクトル（ゼロベクトルではない）を使って、平面上の任意の点を表せない状態です。

具体的には下の図に示すように、その２つのベクトルが同一直線上にある時です。この時には２つのベクトルをどう足し合わせても、この直線上の点しか表現できません。

逆に言うと、２つのベクトルが同一直線上にない時には、平面上の任意の点をこの２つのベクトルで表すことができます。この状態を一次独立と呼ぶのです。

さてこれが３次元、空間になるとどうなるでしょうか？

まず一次従属の状態を考えてみましょう。

３次元の一次従属とはある３つのベクトル（ゼロベクトルではない）を使って、空間上の任意の点を表せない状態です。

それはどんな状態でしょうか？　２次元と同じように３つのベクトルが同じ直線上にある時にはもちろん、空間上の任意の点を表せません。

しかし、３次元の場合はそれだけではありません。3つのベクトルが同一平面上にあった時にも、その平面上の点しか表せませんから、空間上の任意の点を表すことはできません。

３つのベクトルが同一直線上にある場合も、同一平面に含まれますから、一般化すると３つのベクトルが同一平面上にある時が一次従属というわけです。逆に、一次独立は３つのベクトルが同一平面上にない時、と定義できます。

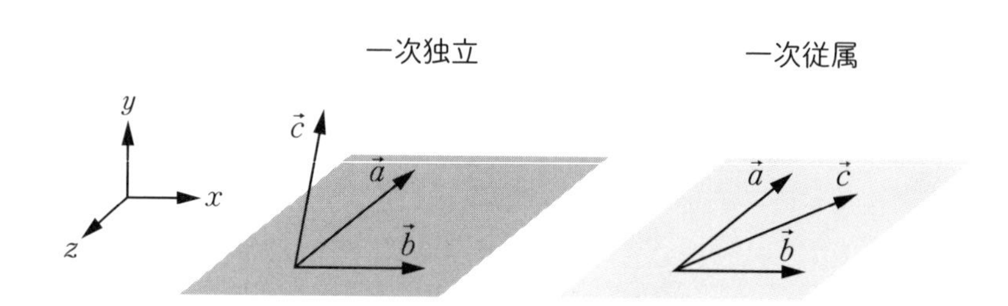

このように考えた時に、さらに次元が増えて、4次元、5次元となるとどうなるか？　この議論を考えると容易に想像がつくのではないでしょうか。

つまり4次元だと4つのベクトルが同一3次元空間上に存在する時、そして5次元だと5つのベクトルが同一4次元空間上に存在する時が一次従属と考えられるでしょう。

このように一般化させて考えることが、大学の数学を学ぶ際には重要になってきます。

直交するとは何か？

直交というと、普通のように90°で交わった直線を想像されるでしょう。垂直な2つの直線のことです。

さらにベクトルの話になると内積が0だと、2つのベクトルが直交していることをご存知でしょう。

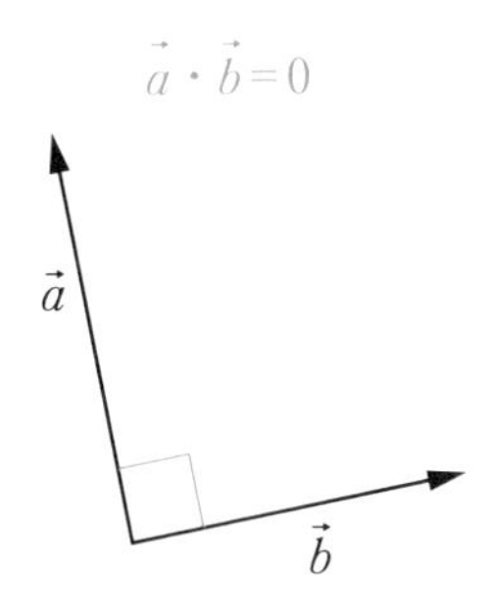

高校数学の問題を解くためにはこの知識で十分なのですが、大学数学へのステップとするため、さらに内積について考えてみましょう。

$\cos\theta$ を使った内積の定義を見ると、次のような解釈もできます。

つまり、$\vec{a}\cdot\vec{b}$ とは $\vec{a}$ を $\vec{b}$ と平行な成分と垂直な成分に分けて、平行な

成分の大きさ（同じ向きが正）をかけあわせた、という理解です。この時、$\vec{b}$ に平行な $\vec{a}$ の成分の大きさは $|\vec{a}|\cos\theta$ と表せます。

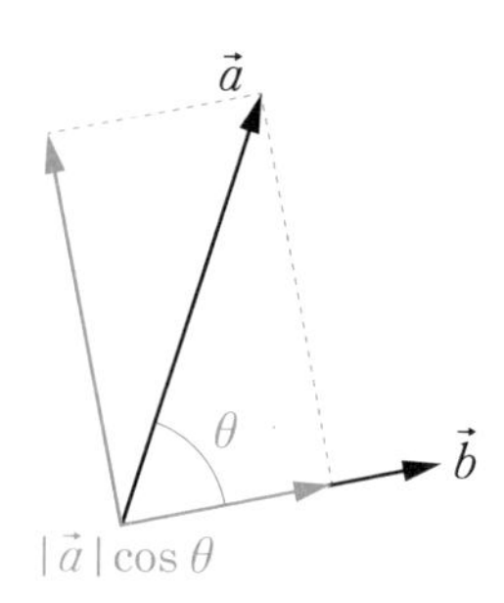

このように内積を考え直すと、内積0ということは、「ベクトルの平行な成分がない」もしくは「共通部分がない」と考えることもできます。

このように内積0を、単なる垂直なベクトルから拡張して、理解しておくことが大事です。

大学数学になると直交という概念が拡張されます。例えば $\sin x$ と $\cos x$ は直交する関数です。この場合も内積となる計算を定義して、その内積が0だから直交と考えます。

このような概念を理解するために、ベクトルの直交（垂直）のイメージが使えます。そのような視点でベクトルの内積を学ぶと、大学での数学の理解も広がるでしょう。

そして内積というのはベクトルのかけ算と勉強したと思います。気をつけなければいけないことは、内積は確かにベクトルの積ですが、唯一の積ではありません。

実はベクトルの積はスカラーの積を拡張したもので、複数の定義が存在します。例えば、大学に入ると**外積**というベクトル積も登場します。

ベクトルの外積

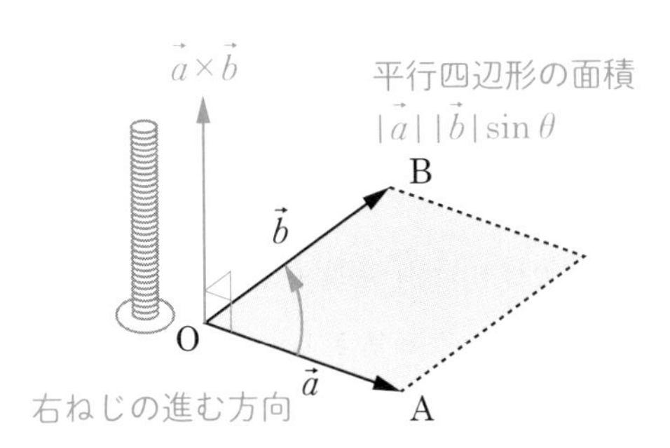

このようにベクトルの積は**スカラー積**（普通の数字のかけ算）を拡張したものという理解も大事です。

「同様に確からしい」の本質（確率）

確率という分野は数学の中でも少し立ち位置が変わります。ですので、数学の他の分野は得意でも確率だけ苦手だったり、逆に確率が得意な人がいるようです。

大学で勉強する数学の土台としては、数式の解き方よりも確率的な概念をしっかり理解していることが重要になります。それが統計を学ぶ土台にもなります。

例えば「同様に確からしい」「背反」「独立」「条件付き確率」など、言葉の意味もしっかり理解しておきましょう。

数学的確率と統計的確率

高校の数学での確率の問題は、サイコロを振るであるとか、袋の中から玉を取り出すとか、「同様に確からしい」ものが対象になっています。同様に確からしいとは1つ1つの発生確率が等しいことを意味しています。

例えば、サイコロを1つ振った時に3が出る確率は1～6までそれぞれの数が出る確率が同様に確からしいので$\frac{1}{6}$となります。

1つのサイコロの出目　1～6は同様に確からしい

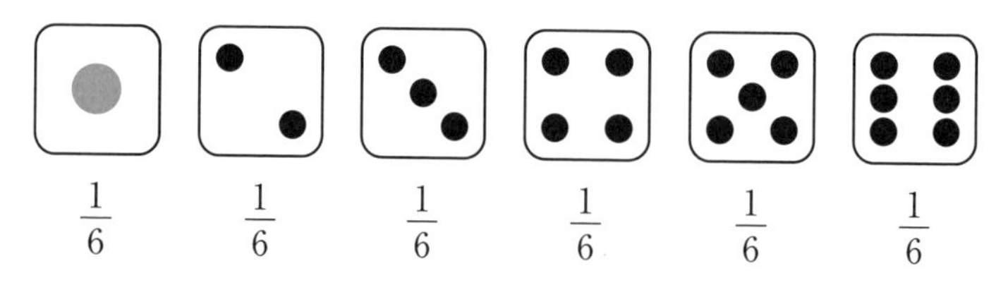

一方、サイコロを2つ振った時の出た目の和が3になる確率を考えてみましょう。

この場合、同様に考えるとサイコロの出た目の和が2〜12までの11種類ですから、3が出る確率は$\frac{1}{11}$として良いでしょうか？

もちろんこれはダメです。先ほどの例と違って、2〜12となるのは「同様に確からしい」ではありません。

例えば、合計が2となるのはそれぞれのサイコロが(1, 1)と出た時に限られるのに対し、3となるのは(1, 2) (2, 1)と2通りあります。

この3種類が同様に確からしい

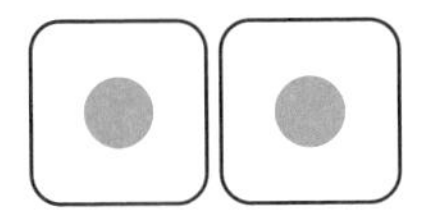
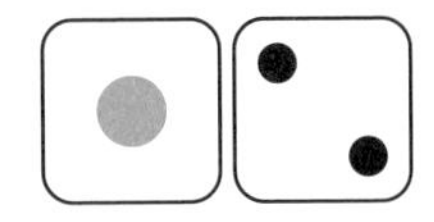
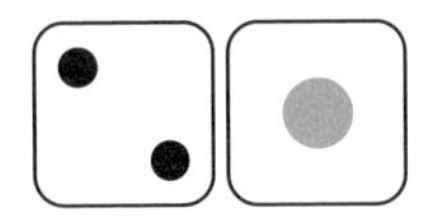

このように確率を扱う際には、何が「同様に確からしい」のかをしっかり確認するようにして下さい。

このようにテストの問題で出るような「同様に確からしい」を仮定した確率を**数学的確率**と呼びます。

しかし厳密に考えるとじゃんけんも「同様に確からしい」とはいえないかもしれません。というのもある人がグーとチョキとパーを出す確率が厳密に$\frac{1}{3}$かというと、恐らくそうではないでしょう。

例えばグーを出しやすいとか、パーを出しやすいとかそんな傾向があるはずです。統計的には一般的にグーを出す確率が少し高いとも言われています。確率にはこんな問題が隠れているのです。

一方、世の中で使われる確率はほとんどが**統計的確率**と呼ばれるものです。

例えば天気予報で雨が降る確率が60％であった時、それは同じような気象状況の時、過去には60％の場合で雨が降っていたということを意味しています。

実際の世の中の問題は複雑すぎるので、統計的確率で扱うことがほとんどです。

それでも、数学的確率の勉強は無駄ではありませんので安心して下さい。

確率の分析をしたり、コンピュータで確率的な現象を扱ったりする時に数学的確率の考え方は大事になってきます。

何が独立なのか？

確率における独立という概念は重要です。

教科書的にいうと、独立とは２つの事象Ａと事象Ｂがお互いにまったく影響を及ぼさないことです。

例えば、黒と白の玉が２個ずつ入っている箱から、１つ取り出した時に黒が出る確率と、「それを元に戻して」もう１つ取り出した時に黒が出る確率は独立です。

一方、１つ取り出した時に黒が出る確率と、「それを元に戻さずに」もう１つ取り出した時に黒が出る確率は独立ではありません。この場合、１回目に黒が出ると２回目は黒の数が減って出にくくなるし、１回目に白が出ると黒が出やすくなります。１回目の試行の結果が２回目に影響を及ぼしますから独立ではないのです。

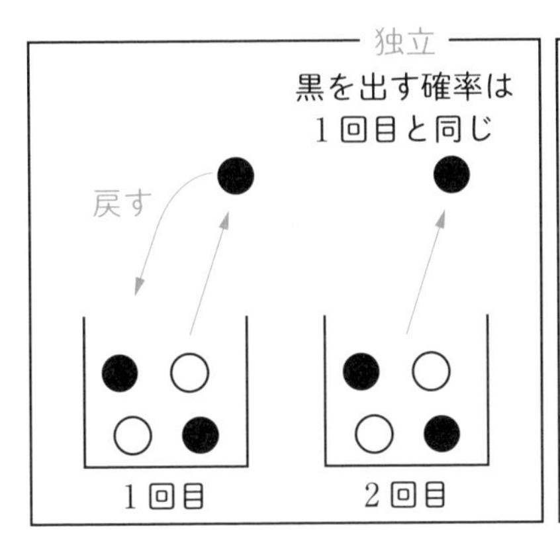

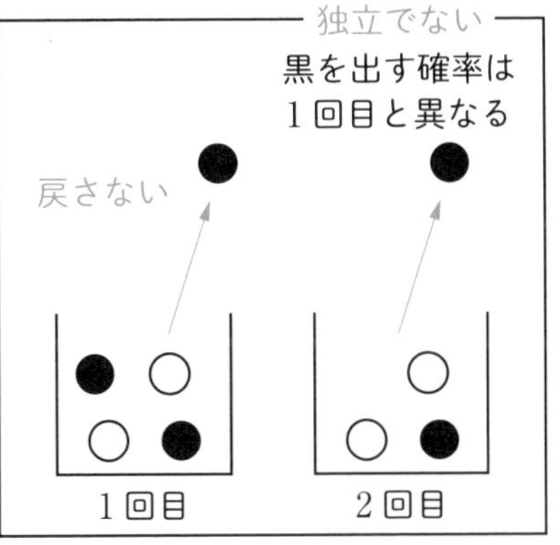

そしてAとBが独立のとき、AかつB、つまりAとBが同時に起こる確率$P(A \cap B)$は事象Aと事象Bの確率の積$P(A)P(B)$で表されます。つまり、$P(A \cap B) = P(A)P(B)$となります。

例えば、天気が雨の事象とコンビニで傘が売れる事象は独立ではありません。雨が降ると、コンビニで傘が売れやすくなるからです。

数学の問題になるような事象を除いて、2つの事象が独立かどうか確認するのは簡単ではありません。例えばある地域に住んでいる事象Aと車を持っているという事象Bが無関係かどうかは判断が難しいからです。

また、似たような確率の言葉で「排反」というものがあります。これは独立よりは簡単で、一方の事象が起これば、他方は起こらないことです。

例えば、「P地点での12時における気温」を考えた時に20～25℃になる事象Aと10～15℃になる事象Bは排反です。なぜなら、場所も時刻も指定されているので、温度も1つに定まるからです。

この場合、事象Aまたは事象Bが起こる確率$P(A \cup B)$は2つの事象の和$P(A)+P(B)$と表されます。

一方、20～25℃になる事象Aと雨が降る事象Bは排反ではありません。気温が20～25℃で雨が降ることは同時に起こりうるからです。

A：P地点が20～25°C
B：P地点が10～15°C

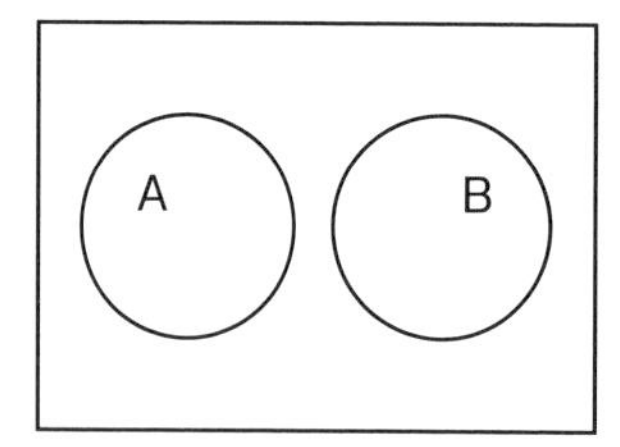

共通部分なし
→排反

A：P地点が20～25°C
B：雨が降る

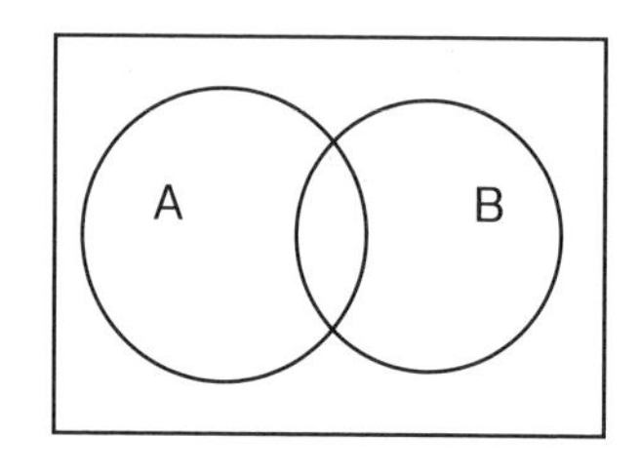

共通部分あり
→排反でない

この場合、事象Aまたは事象Bが起こる確率$P(\mathrm{A} \cup \mathrm{B})$は2つの事象の和から、AとBが同時に起こる確率$P(\mathrm{A} \cap \mathrm{B})$を引いてやらなければなりません。つまり、$P(\mathrm{A}) + P(\mathrm{B}) - P(\mathrm{A} \cap \mathrm{B})$となります。

ベン図で示すと下のようになります。

$P(\mathrm{A} \cup \mathrm{B})$
$= P(\mathrm{A}) + P(\mathrm{B}) - P(\mathrm{A} \cap \mathrm{B})$

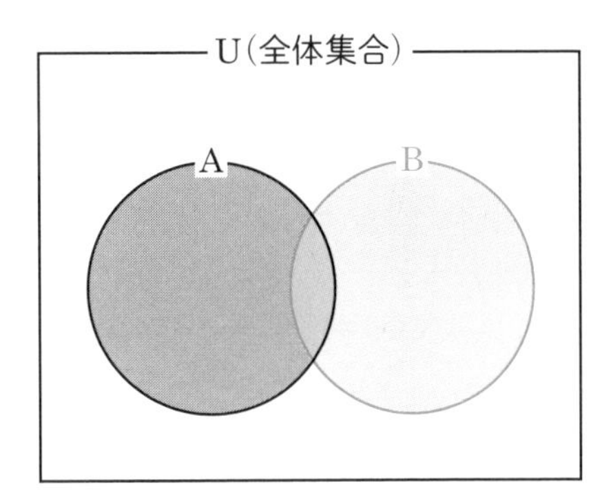

条件付き確率は母集団が変わっている

条件付き確率は少し混乱しやすい項目ですが、例えば機械学習で使われるベイズ理論でも必要になる項目ですので、確実に理解しておきましょう。

条件付き確率で間違えやすいのは $P(\mathrm{A} \cap \mathrm{B})$、つまり「AとBが同時に成り立つ確率」と $P_{\mathrm{A}}(\mathrm{B})$、つまり「Aが起こるという条件下で、Bが成り立つ確率」の区別がつきにくいからだと考えます。

例を挙げて説明しましょう。ある小学校で24人のクラスがあって、その中でA地区とB地区から通っている生徒がいたとします。A地区とB地区でスマホを持っている生徒とそうでない生徒の人数は下の表のようになっていました。A地区の方がスマホを持つ生徒が多い結果です。

	スマホ有	スマホ無
A地区	10人	2人
B地区	5人	7人

ここでクラスの中で１人を選んだ時に、その生徒がスマホを持っている確率を P（スマホ）とすると P（スマホ）$= \frac{10}{24} + \frac{5}{24} = \frac{15}{24} = \frac{5}{8}$ となります。

また、クラスの中の１人を選んだ時、その生徒がA地区に住んでいる確率 $P(\mathrm{A}) = \frac{10}{24} + \frac{2}{24} = \frac{1}{2}$、その１人がA地区でスマホを持っている確率は P（A∩スマホ）$= \frac{10}{24} = \frac{5}{12}$となります。

このときに**条件付き確率**を考えてみます。「A地区に住んでいるという条件で、スマホを持っている確率」P_{A}（スマホ）はどうなるでしょうか。

実はこの場合は先ほどの議論と分母が変わります。今まではクラス全体の人数24人が分母になっていましたが、この場合はA地区に住んでいる生徒12人が分母になるのです。

つまり、P_{A}（スマホ）$= \frac{10}{12} = \frac{5}{6}$ となります。

これをベン図にすると下のようになります。

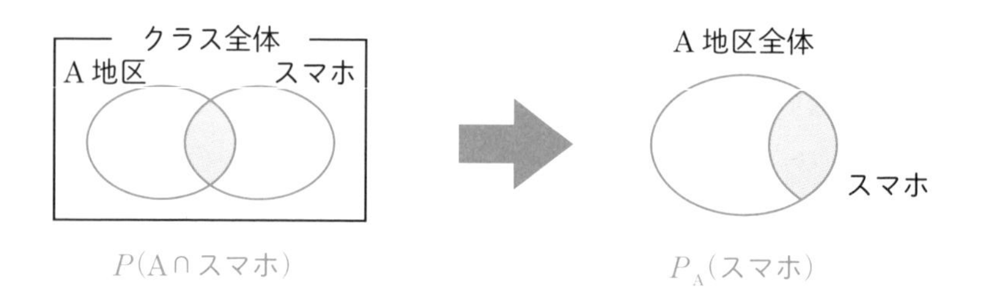

つまり、条件付き確率では、分母が変わっています。言い換えると、確率を算出する対象とする母集団が変わっているというわけです。

ここまで理解できれば、下記の条件付き確率の公式を違和感なく使えるでしょう。

確率の乗法定理

事象Aと事象Bについて、下式が成り立つ。

$$P(\mathrm{A}\cap\mathrm{B})=P(\mathrm{A})\times P_{\mathrm{A}}(\mathrm{B})$$

ベイズの定理

条件付き確率に関して、下式をベイズの定理と呼ぶ。

$$P_A(B)=\frac{P_B(A)P(B)}{P(A)}$$

大学のキャンパスって広いなあ。
校舎間はどのくらい距離があるんだろう…
そうだ！　曲線の道のりも、直線の１ｍ定規で分割すれば、
簡単に長さが割り出せるね。

わざわざそんな面倒なことをしなくても…

第3章

大学数学の学び方

いよいよ大学数学の項目に入ります。特に応用上で重要な、多変数関数の微積分や線形代数を中心として、大学の低学年で勉強する科目を解説します。

ここでは証明などは大胆に省いて重要な項目に集中し、流れがわかりやすくなるように配慮しています。大学の授業の予習として読んでもらえると効果が高くなると思います。

ただ、記述が不完全な部分もあります。この本で概要をつかんだら、大学の授業や教科書で学びなおすようにして下さい。

本格的な大学数学に進む前に

最初に肩慣らしとして、高校数学と大学数学の間に位置する項目について説明したいと思います。広義積分、テイラー展開、極座標と、概念としてはそれほど新しいことは含んでいません。しかし、いずれも重要な項目なので、計算を含めてしっかり対応できるようにしておきましょう。

広義積分とは

広義積分とは定積分において、上端や下端が∞である場合、もしくは不連続点を含むときの積分の方法です。この積分は大学数学になると、多数登場します。

計算方法は極限を使って定義します。まず、積分の区間に∞を含む時には下のように計算します。まず、区間を適当な変数で置き換えて、後で∞にする極限を取ります。

$$\int_1^\infty \frac{1}{x^2}dx = \lim_{a\to\infty}\int_1^a \frac{1}{x^2}dx = \lim_{a\to\infty}\left[-\frac{1}{x}\right]_1^a = \lim_{a\to\infty}\left(-\frac{1}{a}+1\right) = 1$$

$\int_1^a \frac{1}{x^2}dx$

この例では $\frac{1}{x^2}$ を1から a まで積分して、その後 a を無限大にする極限を考えて、積分値を求めています。この極限が**発散**する場合は、積分値は存在しないことになります。

不連続関数の積分は基本的に扱いは単純です。

たとえば、下のような有限値の**不連続点**を含む関数があったとします。ここで定義される$f(x)$はx_1, x_2, x_3, x_4で不連続となっています。ただし、不連続ではありますが、$f(x)$はそれらの点で有限な値を取っています。

この関数を0からaまで積分する時、これらの不連続点を取り除いて積分して問題ありません。考え方としては、点は幅が0ですので、有限数を取り除いても面積には影響を与えないということです。

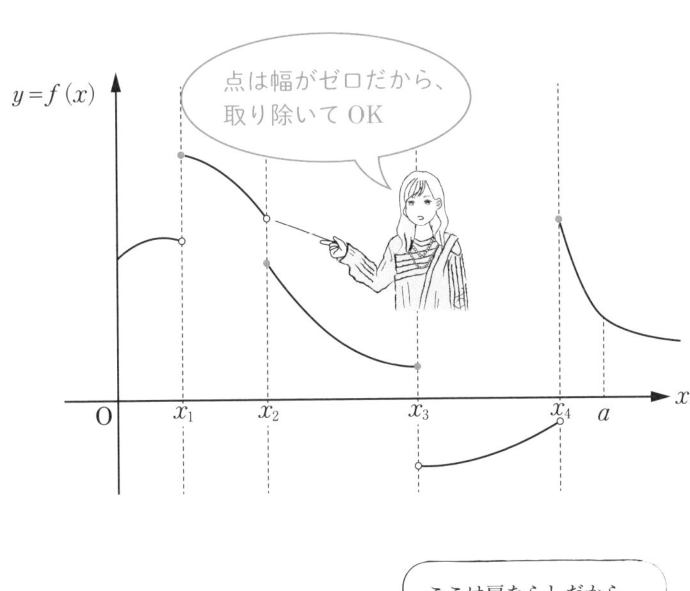

しかし、例えば、分数関数で分母が0となるような、極限値が**発散**(つまり∞や−∞になる)する不連続点では注意が必要です。

この場合は次のように、不連続的を適当な変数で置き換えて、不連続点の値になる極限を取ります。

$$\int_{-1}^{1}\frac{1}{x}dx=\int_{0}^{1}\frac{1}{x}dx+\int_{-1}^{0}\frac{1}{x}dx$$

ここで、$\int_{0}^{1}\frac{1}{x}dx=\lim_{\varepsilon\to+0}\int_{\varepsilon}^{1}\frac{1}{x}dx=\lim_{\varepsilon\to+0}\Big[\log|x|\Big]_{\varepsilon}^{1}=\infty$ (発散)

よって$\int_{-1}^{1}\frac{1}{x}dx$は存在しない。

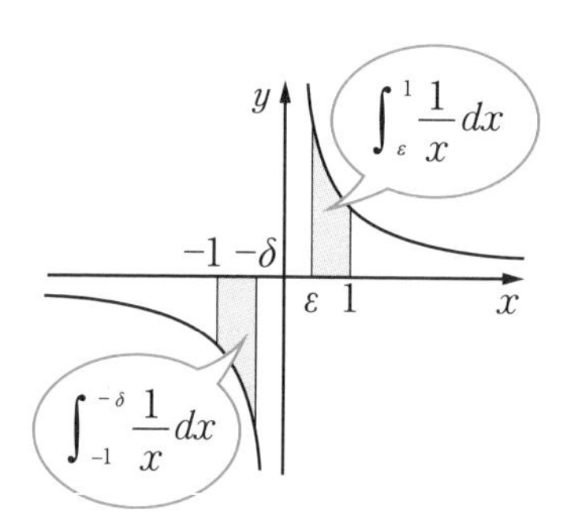

$\frac{1}{x}$は奇関数だから$\int_{-1}^{1}\frac{1}{x}dx=0$としたくなりますが、この広義積分が存在するには$\int_{0}^{1}\frac{1}{x}dx$と$\int_{-1}^{0}\frac{1}{x}dx$が両方存在しないといけません。

関数を展開する方法

テイラー展開は数学や物理、工学、数理科学とあらゆるところに出てくる非常に重要な方法です。

これはある関数を x^2 や x^3 といったべき乗で展開する方法です。例えば、三角関数など、計算が難しい関数の近似値を得るために利用されます。

●テイラー展開

ある関数 $f(x)$ について、下式のように $(x-a)^n$ の多項式として展開できる。

$$f(x)=f(a)+\frac{f'(a)}{1!}(x-a)+\frac{f''(a)}{2!}(x-a)^2+\frac{f'''(a)}{3!}(x-a)^3+\cdots$$
$$=\sum_{n=0}^{\infty}\frac{1}{n!}f^{(n)}(a)(x-a)^n$$

ただし $f^{(n)}(x)$ →関数 $f(x)$ を n 回微分したもの　$n!=1\times2\times\cdots\times n$

テイラー展開で $a=0$ とすると、下のようになります。これを特別にマクローリン展開と呼びます。意味するところは、$x=0$ の周りに展開したテイラー展開ということです。

●マクローリン展開

上記で特に $a=0$ のとき（$x=0$ で展開したとき）をマクローリン展開と呼ぶ。

$$f(x)=f(0)+\frac{f'(0)}{1!}x+\frac{f''(0)}{2!}x^2+\frac{f'''(0)}{3!}x^3+\frac{f''''(0)}{4!}x^4+\cdots\cdots$$
$$=\sum_{n=0}^{\infty}\frac{f^{(n)}(0)}{n!}x^n$$

マクローリン展開の式は、次のように$f(x)$がxのべき乗で表されると仮定して、順次微分していくと得られます。

まず、下のように、$f(x)$がxのべき乗の和で表されると仮定します。

$$f(x)=a_0+a_1x+a_2x^2+a_3x^3+a_4x^4+a_5x^5+\cdots\cdots+a_nx^n+\cdots\cdots$$

ここで$x=0$とするとxのべき乗の項が消え$f(0)=a_0$

つまり$a_0=f(0)$となります。

そしてこの$f(x)$を順次xで微分していきます。

$$f(x)=a_0+a_1x+a_2x^2+a_3x^3+a_4x^4+a_5x^5+\cdots\cdots$$

$$f'(x)=a_1+2a_2x+3a_3x^2+4a_4x^3+5a_5x^4+\cdots\cdots$$

ここで$x=0$とすると$f'(0)=a_1$　つまり$a_1=f'(0)$

$$f''(x)=2a_2+6a_3x+12a_4x^2+20a_5x^3+\cdots\cdots$$

ここで$x=0$とすると$f''(0)=2a_2$　つまり$a_2=\dfrac{1}{2}f''(0)$

$$f'''(x)=6a_3+24a_4x+60a_5x^2+\cdots\cdots$$

ここで$x=0$とすると$f'''(0)=6a_3$　つまり$a_3=\dfrac{1}{2\times3}f'''(0)$

$$f^{(4)}(x)=24a_4+120a_5x+\cdots\cdots$$

ここで$x=0$とすると$f^{(4)}(0)=24a_4$　つまり$a_4=\dfrac{1}{2\times3\times4}f^{(4)}(0)$

同様に$f^{(5)}(0)=120a_5$　つまり$a_5=\dfrac{1}{2\times3\times4\times5}f^{(5)}(0)$

一般に

$a_n=\dfrac{1}{n!}f^{(n)}(0)$となる

この方法からわかるように、テイラー展開やマクローリン展開は$f(x)$が何回でも微分可能でないと使えません。

sin$x$ のマクローリン展開

黒い曲線が sin x。項数が増えると
だんだん sin x に近づいていくね

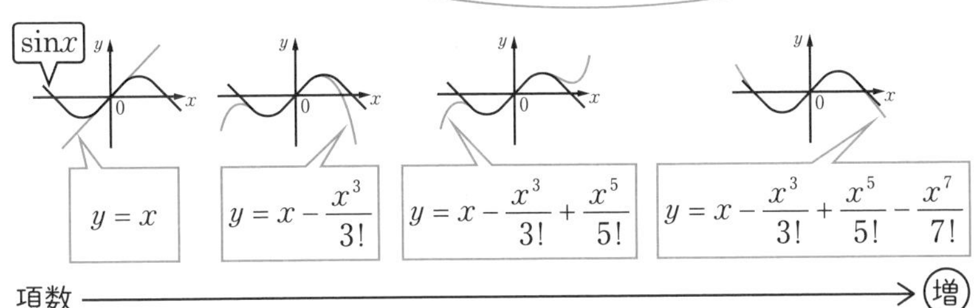

コンピュータは基本的に四則演算しかできません。しかし、指数関数、対数関数、三角関数といった高度な関数の近似値を計算しています。それはテイラー展開でべき乗の関数に展開して計算しているのです。

3次元の極座標

高校数学で2次元の極座標を学びました。ここでは簡単にそれを復習して、大学数学で登場する3次元の極座標につなげたいと思います。

まず、2次元の極座標について簡単に説明します。極座標とは x, y の直交座標ではなく、原点からの距離 r と x 軸と作る角 θ によって、平面上の点を表す方法でした。

$x = r\cos\theta$

$y = r\sin\theta$

$(r \geqq 0,\ 0 \leqq \theta < 2\pi)$

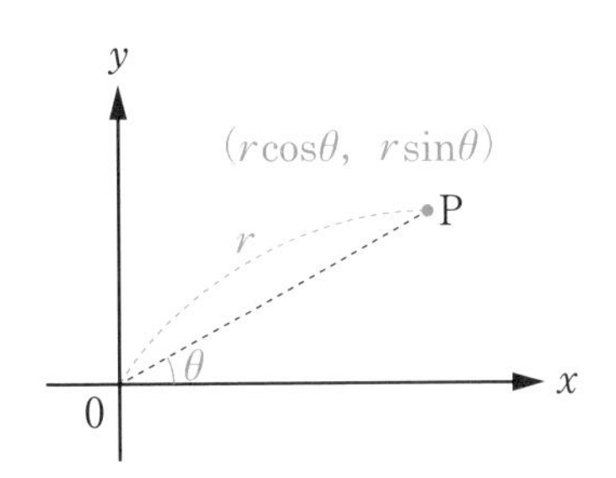

そして、極座標でも微積分の計算ができます。

例えば円の面積を求めることを考えます。下のように極座標を使って、図の部分の微小長方形の面積は $rd\theta \times dr$ と表せます。

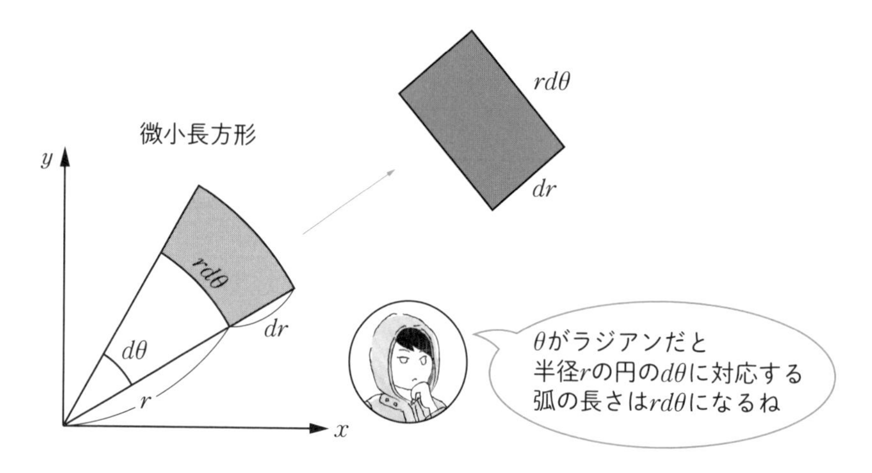

そしてこれを r が0から R まで、θ を0から 2π まで積分すれば、下のように円の面積が得られます。（ここでは多変数関数のところで説明する重積分（累次積分）を用いています）

$$\int_0^{2\pi}\int_0^R rdrd\theta = \pi R^2 \quad \text{（円の面積）}$$

次に3次元の極座標を説明します。

2次元で原点からの距離 r をパラメータにしたのと同様に、3次元でも原点からの距離 r を1つのパラメータとします。2次元の時は r を指定すると半径 r の円を表しましたが、3次元の場合は r を指定すると、半径 r の球を表します。つまり r が定まった時、動点Pは半径 r の球上を動けます。

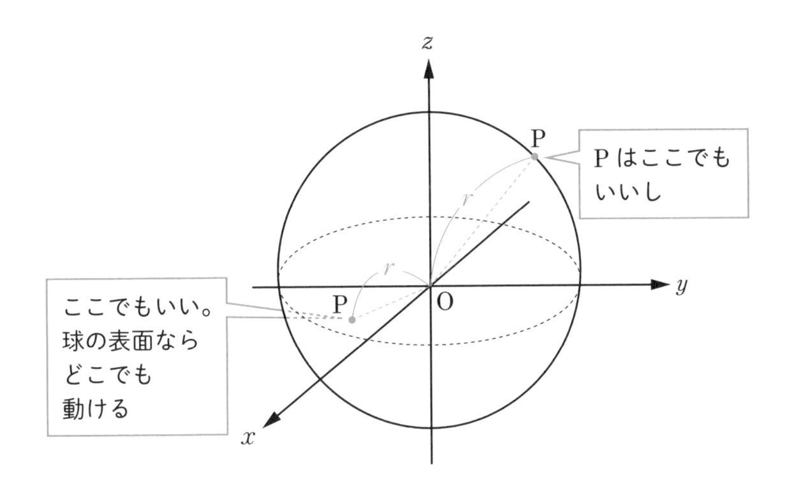

3次元では2次元の平面から z 軸が追加されていますから、次に z 座標を定めることを考えましょう。動点Pの z 座標を z_0 とすると、z 軸とOPの作る角を θ として $z_0=r\cos\theta$ と表せます。つまり、2個目のパラメータは θ となります。

この時、z_0 は $-r$ から r まで変化するので、θ の取り得る値は0から π までになることに注意して下さい。0から 2π まででではありません。

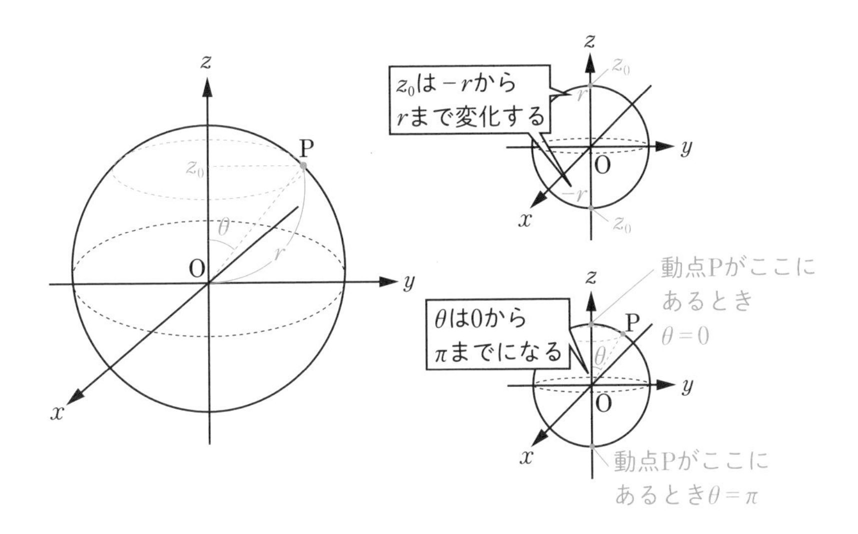

これで点Pの位置を xy 平面に平行な平面上で、中心が $(0,\ 0,\ z_0)$ で半径が $r\sin\theta$ の円の上にまで絞れました。最後は点Pを xy 平面に投射した時の位置と x 軸が作る角 ϕ を定めると、点Pの位置が定まります。

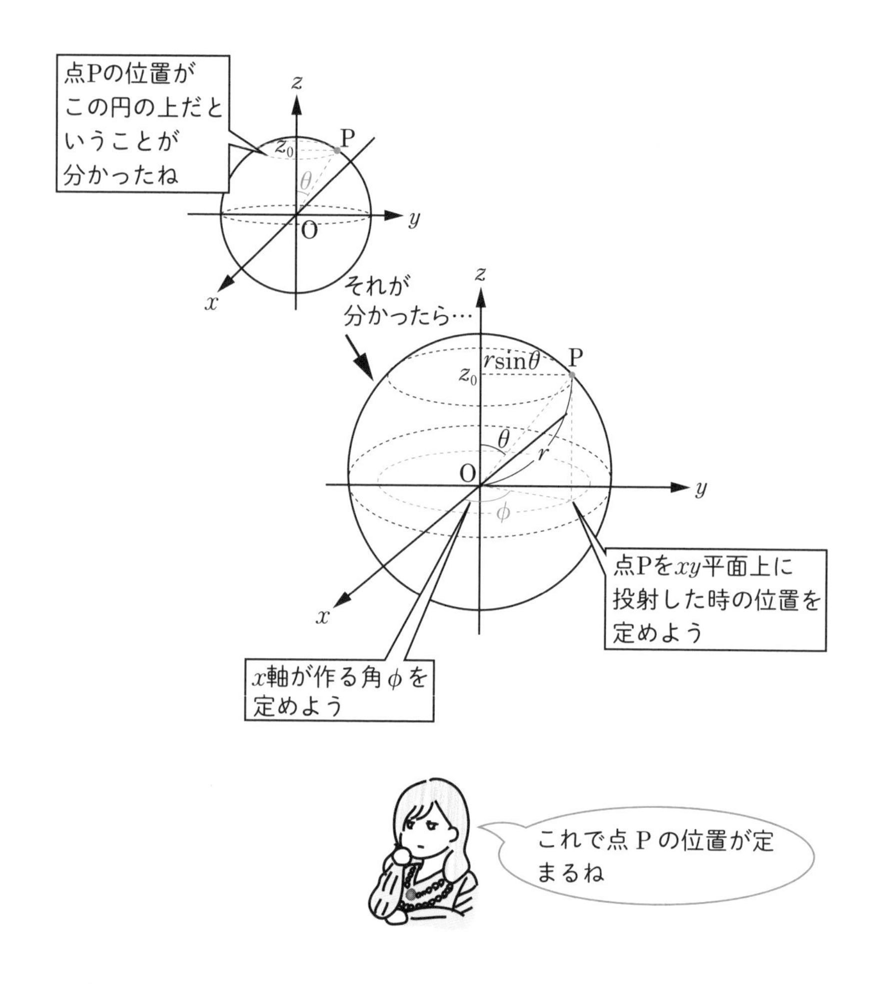

結論として、3次元の極座標は $r,\ \theta,\ \phi$ の3つのパラメータを用いて、次図のように表されます。この時の $x,\ y,\ z$ との関係も示します。

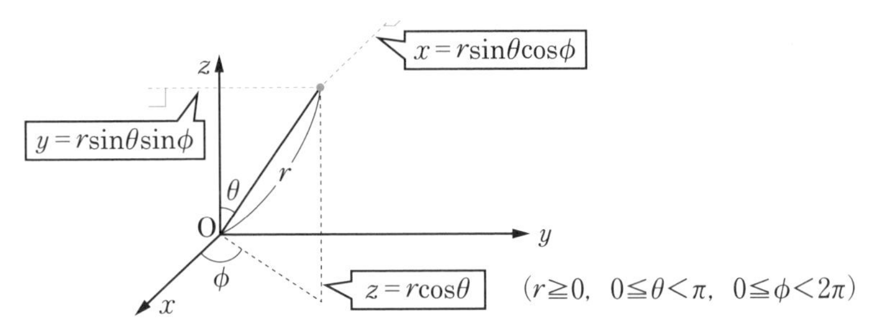

$(r \geqq 0,\ 0 \leqq \theta < \pi,\ 0 \leqq \phi < 2\pi)$

２次元の極座標で面積を求めたように、３次元の極座標で体積を求めてみます。極座標での微小直方体の体積は下図のように$r^2\sin\theta\, dr d\theta d\phi$と表されます。

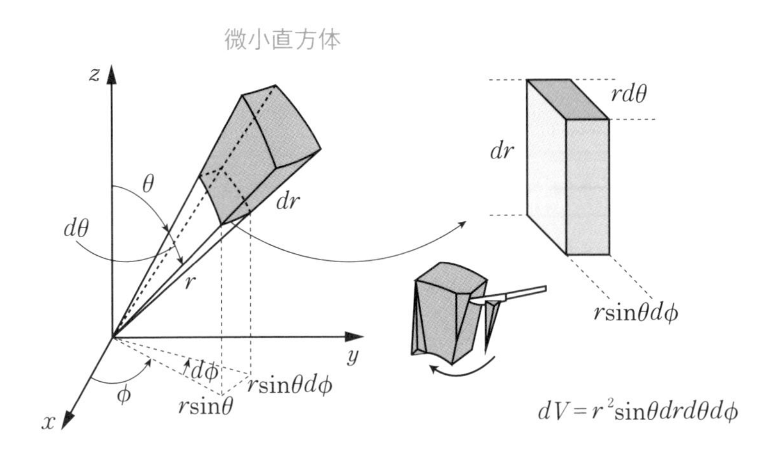

そしてこれをrが0からRまで、θを0からπまで、ϕを0から2πまで積分すれば、下のように球の体積が得られます。(ここでも多変数関数のところで説明する重積分(累次積分)を用いています)

$$\int_0^{2\pi}\int_0^{\pi}\int_0^{R} r^2\sin\theta drd\theta d\phi=\frac{4\pi R^3}{3} \quad (\text{球の体積})$$

大学の数学になると、問題を扱いやすいように、座標系を変換することが多いです。このような座標の扱いに慣れておくようにしましょう。

行列を変換と考える（線形代数）

線形代数は理工系の大学低学年で学ぶ数学として、かなり重要なものです。

しかしながら、新しい概念がどんどん出てくるので、どれが重要なのか、相互の関係や目的がわかりにくくなりがちです。

初学者は本書に書かれているポイント、行列はベクトルの変換を表す、行列のかけ算の意味、逆行列の意味、連立方程式と行列の関係、行列を対角化する理由、を中心に学習すると定着が早いと思います。

また、行列を扱っていると、普通に計算した方が早いのに「なぜ、こんな面倒なことを考えるのか」と思う場合もあるでしょう。しかし、実際の世の中で使う行列は学校で扱う 2×2 や 3×3 程度よりはるかに大きく、そんな大きな行列を扱うためには、線形代数で現れるような概念を使う必要があるというわけです。

行列はベクトルの演算を行うもの

まず、行列が何か、について説明します。

行列とはこのように数字を並べたものと言えます。横を行、縦を列と呼びます。

$$\begin{pmatrix} 1 & 3 \\ 8 & 5 \end{pmatrix} \quad \begin{pmatrix} 1 & 3 & 7 \\ 8 & 5 & 4 \\ 2 & 6 & 9 \end{pmatrix} \quad \begin{pmatrix} 1 & 3 & 2 & 7 \\ 8 & 5 & 9 & 4 \end{pmatrix}$$

行列

$$\begin{pmatrix} a_{11} & a_{12} & \cdots & a_{1n} \\ a_{21} & a_{22} & \cdots & a_{2n} \\ \vdots & \vdots & \cdots & \vdots \\ a_{m1} & a_{m2} & \cdots & a_{mn} \end{pmatrix}$$

n 列　m 行

行列のサイズはいくつでも考えられます。例えば、2×3とか4×2とか、どんなものでも定義できます。ただ、実際に使われるものは $n \times n$ の正方行列というものが多いです。

行と列の数が同じ行列であれば、和と差が定義できます。これは同じ場所にある数を足したり引いたりするだけですので、問題はないと思います。

行列の和と差

$$\begin{pmatrix} a & b \\ c & d \end{pmatrix} + \begin{pmatrix} e & f \\ g & h \end{pmatrix} = \begin{pmatrix} a+e & b+f \\ c+g & d+h \end{pmatrix} \quad \begin{pmatrix} a & b \\ c & d \end{pmatrix} - \begin{pmatrix} e & f \\ g & h \end{pmatrix} = \begin{pmatrix} a-e & b-f \\ c-g & d-h \end{pmatrix}$$

行列の和　　行列の差

そして行列はベクトルを拡張したものとみなすこともできます。

つまりベクトルは1列、または1行の行列と考えられます。下記のようなものはベクトルとみなせるわけです。ベクトルは横に並べる方が慣れているかもしれませんが、大学数学になると行列を計算するために縦に並べる場合が多くなります。

$$\begin{pmatrix} 1 & 3 & 4 & 8 \end{pmatrix} \qquad \begin{pmatrix} 1 \\ 8 \end{pmatrix} \qquad \begin{pmatrix} 1 & 3 & 4 \end{pmatrix}$$

みんなベクトル

このベクトルに対しては、もちろん和や差も定義できます。また、下のように内積の計算も定義できます。

$$\begin{pmatrix} a & b \end{pmatrix} \begin{pmatrix} p \\ q \end{pmatrix} = ap + bq$$

ただ、1つ気をつけて欲しいのはベクトルと言っても、高校数学のベクトルだけをイメージしてはいけないことです。高校数学は大きさと向きを持った量がベクトルでしたが、ここでは単に数字を集めたものと考えて下さい。ベクトルの意味が拡張されています。

次に、行列とは何かという問題です。線形代数を学ぶにおいては、行列はベクトルを変換するものと考えるとうまくいくと思います。

まず、ベクトルと行列の演算をこのように定義します。すると行列はベクトルを他のベクトルに移す演算と考えることができます。

$$\begin{pmatrix} a & b \\ c & d \end{pmatrix}\begin{pmatrix} p \\ q \end{pmatrix}=\begin{pmatrix} ap+bq \\ cp+dq \end{pmatrix}$$

2行2列×2行1列（ベクトル）

例えば、A の行列は $(x,\ y)$ というベクトル（座標）を x 軸対称の点に移す変換を表します。

B の行列は $(x,\ y)$ というベクトル（座標）の x と y を入れ替える、つまり直線 $y=x$ に対して対称の点に移す変換を表します。

C の行列は $(x,\ y)$ というベクトルを原点周りに θ 回転させる行列で、回転行列と呼ばれています。

$$\underset{A}{\begin{pmatrix} 1 & 0 \\ 0 & -1 \end{pmatrix}}\begin{pmatrix} x \\ y \end{pmatrix}=\begin{pmatrix} x \\ -y \end{pmatrix} \quad \underset{B}{\begin{pmatrix} 0 & 1 \\ 1 & 0 \end{pmatrix}}\begin{pmatrix} x \\ y \end{pmatrix}=\begin{pmatrix} y \\ x \end{pmatrix}$$

$$\underset{C}{\begin{pmatrix} \cos\theta & -\sin\theta \\ \sin\theta & \cos\theta \end{pmatrix}}\begin{pmatrix} x \\ y \end{pmatrix}=\begin{pmatrix} x\cos\theta-y\sin\theta \\ x\sin\theta+y\cos\theta \end{pmatrix}$$

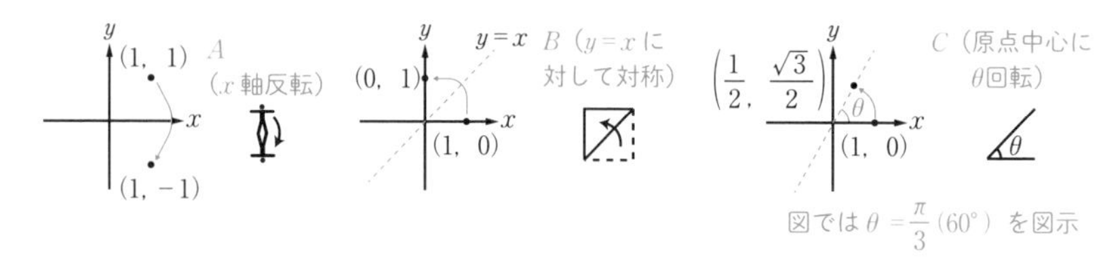

このように行列はベクトルを変換するためにある、と考えると今後の理解が楽になると思います。

行列のかけ算はなぜ複雑なのか？

次に行列の**かけ算**です。行列のかけ算は下のように定義します。和や差に比べると複雑だと感じることでしょう。

行列の積

$$\begin{pmatrix} a_1 & a_2 \\ a_3 & a_4 \end{pmatrix}\begin{pmatrix} b_1 & b_2 \\ b_3 & b_4 \end{pmatrix}=\begin{pmatrix} a_1b_1+a_2b_3 & a_1b_2+a_2b_4 \\ a_3b_1+a_4b_3 & a_3b_2+a_4b_4 \end{pmatrix}$$

例
$$\begin{pmatrix} 1 & 2 \\ 3 & 4 \end{pmatrix}\begin{pmatrix} 5 & 6 \\ 7 & 8 \end{pmatrix}=\begin{pmatrix} 1\times5+2\times7 & 1\times6+2\times8 \\ 3\times5+4\times7 & 3\times6+4\times8 \end{pmatrix}$$
$$=\begin{pmatrix} 19 & 22 \\ 43 & 50 \end{pmatrix}$$

そして行列の演算は一般的には**非可換**であることに注意して下さい。つまり一般的には $AB\neq BA$ です。実際に下の行列は非可換です。

$A=\begin{pmatrix} 1 & 1 \\ 0 & 0 \end{pmatrix}$, $B=\begin{pmatrix} 1 & 0 \\ -1 & 0 \end{pmatrix}$ のとき

$$AB=\begin{pmatrix} 1 & 1 \\ 0 & 0 \end{pmatrix}\begin{pmatrix} 1 & 0 \\ -1 & 0 \end{pmatrix}=\begin{pmatrix} 1-1 & 0+0 \\ 0+0 & 0+0 \end{pmatrix}=\begin{pmatrix} 0 & 0 \\ 0 & 0 \end{pmatrix}$$

$$BA=\begin{pmatrix} 1 & 0 \\ -1 & 0 \end{pmatrix}\begin{pmatrix} 1 & 1 \\ 0 & 0 \end{pmatrix}=\begin{pmatrix} 1+0 & 1+0 \\ -1+0 & -1+0 \end{pmatrix}=\begin{pmatrix} 1 & 1 \\ -1 & -1 \end{pmatrix}$$

つまり $AB\neq BA$

なぜ、こんな風に定義するのでしょう。和や差と同じように、次のようにシンプルに定義すれば良いとは思いませんか？　こんな風に定義してやると、$AB\neq BA$ なんて奇妙なことは起きませんし、わかりやすいような気がします。

$$\begin{pmatrix} a & b \\ c & d \end{pmatrix}\begin{pmatrix} e & f \\ g & h \end{pmatrix}=\begin{pmatrix} ae & bf \\ cg & dh \end{pmatrix}$$

実際に積という演算をこのように定義しても問題はありません。

でも、わざわざ難しい定義を採用しているということは、それに何か大きなメリットがあるわけです。そのメリットについて、紹介します。

先の節で、行列はベクトルを変換するもの、と説明しました。ベクトルは必ずしも、向きと大きさを持ったもの(矢印)ではないという話をしましたが、ここはわかりやすさのために高校のベクトルで考えてみましょう。

例えば、$(x,\ y)=(1,\ 1)$ というベクトルがあったとします。ここで x 軸に対して対称な変換を表す行列 A、原点中心に90°回転する行列 B を考えます。

ここで B の変換を行ってから、A の変換を行うと下のようになります。

この変換は行列 AB で表すことができます。

$$\underset{A}{\begin{pmatrix} 1 & 0 \\ 0 & -1 \end{pmatrix}}\underset{B}{\begin{pmatrix} 0 & -1 \\ 1 & 0 \end{pmatrix}}\begin{pmatrix} 1 \\ 1 \end{pmatrix}=\underset{AB}{\begin{pmatrix} 0 & -1 \\ -1 & 0 \end{pmatrix}}\begin{pmatrix} 1 \\ 1 \end{pmatrix}=\begin{pmatrix} -1 \\ -1 \end{pmatrix}$$

一方、A の変換を行ってから、B の変換を行うと下のようになります。

この変換は行列 BA で表すことができます。

$$\underset{B}{\begin{pmatrix} 0 & -1 \\ 1 & 0 \end{pmatrix}}\underset{A}{\begin{pmatrix} 1 & 0 \\ 0 & -1 \end{pmatrix}}\begin{pmatrix} 1 \\ 1 \end{pmatrix}=\underset{BA}{\begin{pmatrix} 0 & 1 \\ 1 & 0 \end{pmatrix}}\begin{pmatrix} 1 \\ 1 \end{pmatrix}=\begin{pmatrix} 1 \\ 1 \end{pmatrix}$$

つまり、行列を変換と見た時に行列の積が合成変換を表すように積が定義されているのです。

これだと $AB \neq BA$ のように積が非可換である理由もわかります。$A \rightarrow B$ の順に変換した場合と、$B \rightarrow A$ の順に変換した場合で、一般には同じ結果にはならないからです。

もし、原点周りに30°回転の行列 C と原点周りに60°回転の行列 D があったとすると、これは明らかに順序によりません。ですので、$CD=DC$ となります。

$$\underset{C}{\begin{pmatrix} \frac{\sqrt{3}}{2} & -\frac{1}{2} \\ \frac{1}{2} & \frac{\sqrt{3}}{2} \end{pmatrix}} \underset{D}{\begin{pmatrix} \frac{1}{2} & -\frac{\sqrt{3}}{2} \\ \frac{\sqrt{3}}{2} & \frac{1}{2} \end{pmatrix}} = \underset{CD}{\begin{pmatrix} 0 & -1 \\ 1 & 0 \end{pmatrix}}$$

D(60° 回転)

$$\underset{D}{\begin{pmatrix} \frac{1}{2} & -\frac{\sqrt{3}}{2} \\ \frac{\sqrt{3}}{2} & \frac{1}{2} \end{pmatrix}} \underset{C}{\begin{pmatrix} \frac{\sqrt{3}}{2} & -\frac{1}{2} \\ \frac{1}{2} & \frac{\sqrt{3}}{2} \end{pmatrix}} = \underset{DC}{\begin{pmatrix} 0 & -1 \\ 1 & 0 \end{pmatrix}}$$

C(30° 回転)

行列の積の計算方法が複雑な理由は、行列を変換と考えた時に行列の積が合成した変換を表すように決めているからです。

このように行列を変換と考えると線形代数の理解が進みやすいでしょう。

ちなみに積は非可換ですが、下のように分配法則は成り立ちます。ただ、この場合でも左からかけた場合と右からかけた場合を区別する必要がありますので、そちらはご注意下さい。

$$A(B+C)=AB+AC \quad (B+C)A=BA+CA$$

行列のわり算、逆行列と行列式

次は行列のわり算、つまり商を考えたいと思います。ただ、単純には行列の商は定義できません。

ここで、実数の商を考えてみると、これは逆数をかけることと同じです。つまり、ある実数aの逆数は$\frac{1}{a}$です。そしてaで割ることは$\frac{1}{a}$をかけることと同じになります。$a \div a = a \times \frac{1}{a} = 1$となります。

ここから行列の商について考えてみましょう。行列の逆数に相当する行列が存在すれば、それをかけることにより商の演算を定義できそうです。

この場合、まず実数の1にあたる行列を考える必要があります。実数の積で考えた場合、1という数は$a \times 1 = a$とある数にかけた時に同じ数を返す性質があります。

ですから、行列でもこれを満たす行列を単位行列としてEと表します。Eは2×2行列と3×3行列で、それぞれ下のようになります。

$$E = \begin{pmatrix} 1 & 0 \\ 0 & 1 \end{pmatrix}$$

2×2行列

$$E = \begin{pmatrix} 1 & 0 & 0 \\ 0 & 1 & 0 \\ 0 & 0 & 1 \end{pmatrix}$$

3×3行列

実際、このEに右からでも左からでも、任意の行列をかけると、元の行列になります。行列の積は一般に可換ではありません($AB \neq BA$)が、単位行列Eは右からかけても左からかけても同じで元の行列になります。

これで実数の1にあたる行列が単位行列であることがわかりました。

ここからある行列Aに対して、実数の逆数に当たる行列A^{-1}を考える、つまり$AA^{-1} = E$となる行列A^{-1}を考えれば、行列のわり算にあたる演算ができそうです。

この行列A^{-1}をAの逆行列と呼び、2×2の行列の場合は次のように表されます。

$$A=\begin{pmatrix} a & b \\ c & d \end{pmatrix} \text{とすると} A^{-1}=\frac{1}{ad-bc}\begin{pmatrix} d & -b \\ -c & a \end{pmatrix}$$

この逆行列が定義されると、例えば行列 A, B, C, D について $AB=CD$ などという関係が成立している時に、右から B^{-1} をかけることにより、$ABB^{-1}=CDB^{-1}$ となり、$A=CDB^{-1}$ と計算できます。このように実数の商に相当する演算が可能となるわけです。

ちなみに、逆行列の定義を見てみると $ad-bc=0$ の時は分母が0となってしまい、逆行列が存在しないことがわかります。この $ad-bc$ を**行列式**と呼び、行列 A の行列式を **det$A$** と表現したり、実数の絶対値のような記号を使って $|A|$ と表現したりします。

つまり、下式のようになります。

$$\det A=|A|=ad-bc$$

ちなみに3×3の行列式と逆行列を下に示します。行列のサイズが大きくなると、急激に計算量が増加することがわかるでしょう。

$$A=\begin{pmatrix} a_{11} & a_{12} & a_{13} \\ a_{21} & a_{22} & a_{23} \\ a_{31} & a_{32} & a_{33} \end{pmatrix} \text{のとき}$$

$$A^{-1}=\frac{1}{\det A}\begin{pmatrix} a_{22}a_{33}-a_{23}a_{32} & -a_{12}a_{33}+a_{13}a_{32} & a_{12}a_{23}-a_{13}a_{22} \\ -a_{21}a_{33}+a_{23}a_{31} & a_{11}a_{33}-a_{13}a_{31} & -a_{11}a_{23}+a_{13}a_{21} \\ a_{21}a_{32}-a_{22}a_{31} & -a_{11}a_{32}+a_{12}a_{31} & a_{11}a_{22}-a_{12}a_{21} \end{pmatrix}$$

$$\det A=a_{11}a_{22}a_{33}+a_{12}a_{23}a_{31}+a_{13}a_{21}a_{32}-a_{13}a_{22}a_{31}-a_{11}a_{23}a_{32}-a_{12}a_{21}a_{33}$$

線形代数を勉強すると**サラスの方法**、**余因子展開**などの言葉が出てくると思います。これらは行列式を求める方法です。

そして、転置普変性、交代性、多重線形性という言葉も出てきます。これらは行列の要素と行列式の関係を述べたものです。

詳細は他の本を読んで頂くとして、これらの言葉は行列式の値や特性についての用語であることを覚えておいて下さい。

特に行列が3×3、4×4と大きくなると行列式や逆行列の計算が複雑になり、計算に意識が向きがちです。その中でも、求める行列式や逆行列がどのようなものかをしっかり意識しましょう。

行列式は二次方程式の判別式みたいなもの、と考えて下さい。

二次方程式が実数解を持つか持たないか判別する際に、二次方程式の判別式を使うでしょう。

しかし、そんなことはせずに、普通に解の公式に代入して解を求めてしまえば、実数解を持つのか持たないのかは判別できるはずです。

それでも判別式を使う理由は「解の公式より簡単だから」です。

二次方程式の判別式

$ax^2+bx+c=0$ において

$$D=b^2-4ac$$

$D>0$	異なる2つの実数解（2個）
$D=0$	重解（1個）
$D<0$	実数解なし（0個）

行列の行列式

行列 A において

$$\det A=|A|=ad-bc$$

$\det A=0$	逆行列を持たない
$\det A\neq 0$	逆行列を持つ

行列式もそれと同じで、逆行列を持つか持たないかは実際に逆行列を求めてみればわかります。でも逆行列が存在するかどうかは、行列式を計算するだけで判定できます。その手間を省くために行列式が存在すると認識してもらえれば良いと思います。

連立方程式を行列で解く

行列の重要な応用として、連立方程式を解くことがあります。

行列を使うと掃き出し法と呼ばれる方法で連立方程式を求めることができます。4元の方程式で例を示します。

掃き出し法ではまず下のように連立方程式を行列にします。

$$\begin{cases} a-b-2c+2d=-3 \\ 2a+b-3c-2d=-4 \\ 2a-b-c+3d=1 \\ -a+b+3c-2d=5 \end{cases} \longrightarrow \begin{pmatrix} 1 & -1 & -2 & 2 \\ 2 & 1 & -3 & -2 \\ 2 & -1 & -1 & 3 \\ -1 & 1 & 3 & -2 \end{pmatrix}\begin{pmatrix} a \\ b \\ c \\ d \end{pmatrix}=\begin{pmatrix} -3 \\ -4 \\ 1 \\ 5 \end{pmatrix}$$

連立方程式を行列化する

次に、定数項を含めて4×5の行列を作ります。この行列を下に示す3つの操作で、右のような形にできれば、解が求められたことになります。

$$\begin{pmatrix} 1 & -1 & -2 & 2 & -3 \\ 2 & 1 & -3 & -2 & -4 \\ 2 & -1 & -1 & 3 & 1 \\ -1 & 1 & 3 & -2 & 5 \end{pmatrix}$$

これを下記の3つの操作で右の形にする

① 行の定倍数
② 行の交換
③ 行を他の行に加える

$$\begin{pmatrix} 1 & 0 & 0 & 0 & A \\ 0 & 1 & 0 & 0 & B \\ 0 & 0 & 1 & 0 & C \\ 0 & 0 & 0 & 1 & D \end{pmatrix}$$

A, B, C, D が連立方程式の解

実際は下のように計算を進めていきます。

$$\begin{pmatrix} 1 & -1 & -2 & 2 & -3 \\ 2 & 1 & -3 & -2 & -4 \\ 2 & -1 & -1 & 3 & 1 \\ -1 & 1 & 3 & -2 & 5 \end{pmatrix} \begin{matrix} \cdots ① \\ \cdots ② \\ \cdots ③ \\ \cdots ④ \end{matrix}$$

$$\Rightarrow \begin{matrix} ① \\ ② + ④ \times 2 \\ ③ + ④ \times 2 \\ ④ + ① \end{matrix} \begin{pmatrix} 1 & -1 & -2 & 2 & -3 \\ 0 & 3 & 3 & -6 & 6 \\ 0 & 1 & 5 & -1 & 11 \\ 0 & 0 & 1 & 0 & 2 \end{pmatrix}$$

$$\Rightarrow \Rightarrow \begin{pmatrix} 1 & 0 & 0 & 0 & 1 \\ 0 & 1 & 0 & 0 & 2 \\ 0 & 0 & 1 & 0 & 2 \\ 0 & 0 & 0 & 1 & 1 \end{pmatrix} \quad \text{よって} \quad \begin{pmatrix} a \\ b \\ c \\ d \end{pmatrix} = \begin{pmatrix} 1 \\ 2 \\ 2 \\ 1 \end{pmatrix}$$

このように行列を使って、連立方程式を解くことができます。しかし、やっていることをよく見てみると、普通に加減法で連立方程式を解くのと全く変わらないことがわかるでしょう。

だから、「あまり意味がないのでは？」と思う方もいるかもしれません。しかし、実際のところ大いに意味はあります。学校のテストで出る問題はせいぜい3元とか4元の方程式ですが、科学や経済など現実の問題を解決する時には10元、100元、それ以上といった大規模なものも存在します。

もちろん人手ではなく、コンピュータが解くわけです。その時に解き方をプログラミングする必要がありますが、その時に行列を使う方法が扱いやすくなります。

だから、行列を使った連立方程式の解法は大事なのです。

逆行列で考えると、行列を使って連立方程式を解く考え方はシンプルです。例えば、次のような2元の連立方程式があった時、行列Aと変数のベクトル$\boldsymbol{x}$、定数項のベクトル$\boldsymbol{p}$を考えると$A\boldsymbol{x}=\boldsymbol{p}$とおけます。

$$\begin{cases} ax+by=p \\ cx+dy=q \end{cases} \quad \xrightarrow{A\boldsymbol{x}=\boldsymbol{p}} \quad \underset{A}{\begin{pmatrix} a & b \\ c & d \end{pmatrix}} \underset{\boldsymbol{x}}{\begin{pmatrix} x \\ y \end{pmatrix}} = \underset{\boldsymbol{p}}{\begin{pmatrix} p \\ q \end{pmatrix}}$$

このように表記すると、左から A^{-1} の行列をかけると $\boldsymbol{x}=A^{-1}\boldsymbol{p}$ となって、この方程式を解くことができます。

$$\begin{pmatrix} x \\ y \end{pmatrix} = \begin{pmatrix} a & b \\ c & d \end{pmatrix}^{-1} \begin{pmatrix} p \\ q \end{pmatrix} \quad \boldsymbol{x}=A^{-1}\boldsymbol{p}$$

$$= \frac{1}{ad-bc} \begin{pmatrix} d & -b \\ -c & a \end{pmatrix} \begin{pmatrix} p \\ q \end{pmatrix}$$

つまり、逆行列を求めることが連立方程式を解くことと考えられます。

逆行列が存在すると解は1つに定まります。逆行列が存在しなければ、解が存在しない（不能）か、解が無数に存在する（不定）かどちらかです。

線形代数の連立方程式に関わる部分では、逆行列の求め方や逆行列が存在しない時の扱いを議論していると言えます。

ただ、基本は逆行列が存在して解が1つに定まる場合です。それ以外は例外のようなものです。逆行列が存在しない時、つまり連立方程式が不定とか不能になる議論に入る前に、解ける時の考え方についてしっかりと理解しておくようにしましょう。

行列と連立方程式を議論するときに階数（rank）という概念があります。

行列に行基本変形操作、すなわち連立方程式を解くための基本的な操作を行います。その結果、次のような階段行列の形にすることができます。操作した時に、階段が現れる個数が階数（rank）になります。

$$A=\begin{pmatrix}1&3&1\\0&1&6\\0&0&1\end{pmatrix} \Rightarrow \mathrm{rank}A=3$$

階段行列
（左下の成分が 0）

行基本変形操作
① 行の定数倍
② 行の交換
③ 行を他の行に加える

$$A=\begin{pmatrix}1&2&3\\0&3&5\\2&4&6\end{pmatrix} \xrightarrow{\text{行基本変形操作}} \begin{pmatrix}1&2&3\\0&3&5\\0&0&0\end{pmatrix} \quad \mathrm{rank}A=2$$

この階数（rank）は、連立方程式において本質的な方程式の数を示します。

例えば２元方程式において、下の方程式は２個の方程式があるようですが、実際は第１式を３倍すると第２式になるので、本質的な方程式は１つです。だからこの行列の階数は１となります。

$$\begin{cases}2x-3y=5\\6x-9y=15\end{cases} \quad \begin{pmatrix}2&-3\\6&-9\end{pmatrix} \xrightarrow{\text{行基本変形操作}} \begin{pmatrix}2&-3\\0&0\end{pmatrix} \quad \text{rank は 1}$$

本質的には　$2x-3y=5$　の１個の方程式

また、下の３元方程式は第１式と第２式の和が第３式となっています。ですので、本質的な方程式は２つで階数は２となります。

$$\begin{cases}2x-3y+z=5\\2x-y+2z=3\\4x-4y+3z=8\end{cases} \quad \begin{pmatrix}2&-3&1\\2&-1&2\\4&-4&3\end{pmatrix} \xrightarrow{\text{行基本変形操作}} \begin{pmatrix}2&-3&1\\0&2&1\\0&0&0\end{pmatrix} \quad \text{rank は 2}$$

本質的には $\begin{cases}2x-3y+z=5\\2x-y+2z=3\end{cases}$ の２個の方程式

連立方程式がただ１つの解を持つためには、少なくとも階数と変数の数が一致している必要があります。例えば５つ変数のある連立方程式を解くためには、5つの独立な方程式が必要です。逆に、連立方程式が解けるのであれば、逆行列が存在しているといえます。

よって、$n \times n$ の正方行列 A において、$\mathrm{rank}(A)=n$ であることと、逆行列が存在することは必要十分条件(同値)になります。

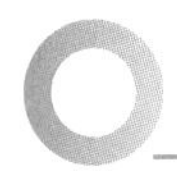

行列を対角化するために

行列の対角化は線形代数の大きなテーマの1つです。ただし、初学者にとっては「なぜ、対角化するのか?」が全然ピンとこないのではないかと思います。ですので、まず対角化するメリットについて紹介します。

行列はベクトルを変換するもの、とお話ししましたが、あるベクトル(x_1, x_2, x_3, x_4)は行列 A によって下のように変換されます。

$$\begin{pmatrix} x'_1 \\ x'_2 \\ x'_3 \\ x'_4 \end{pmatrix} = \begin{pmatrix} a_{11} & a_{12} & a_{13} & a_{14} \\ a_{21} & a_{22} & a_{23} & a_{24} \\ a_{31} & a_{32} & a_{33} & a_{34} \\ a_{41} & a_{42} & a_{43} & a_{44} \end{pmatrix} \begin{pmatrix} x_1 \\ x_2 \\ x_3 \\ x_4 \end{pmatrix}$$

この時、x'_1 は A によって $x_1' = a_{11}x_1 + a_{12}x_2 + a_{13}x_3 + a_{14}x_4$ と変換されることになります。

一方、対角化された行列は下記のようなものになります。

$$\begin{pmatrix} x'_1 \\ x'_2 \\ x'_3 \\ x'_4 \end{pmatrix} = \begin{pmatrix} b_{11} & 0 & 0 & 0 \\ 0 & b_{22} & 0 & 0 \\ 0 & 0 & b_{33} & 0 \\ 0 & 0 & 0 & b_{44} \end{pmatrix} \begin{pmatrix} x_1 \\ x_2 \\ x_3 \\ x_4 \end{pmatrix}$$

すると、$x_1' = b_{11}x_1$ となります。つまり、A という変換において、自分自身の状態だけに影響されて(x_1 のみが x_1' に影響する)、他の要素からは独立に考えられるというわけです。

こうなると複雑さが大きく減って扱いやすくなります。特に大きな行列になると効果が大きくなります。

ですから、統計や物理などの学問で行列を応用するとき、計算を楽にするために、行列の対角化ができないかと考えることになります。

計算の観点からは対角化により A^n の計算が容易になると表現できます。つまり、A という行列を n 回かけた結果は、対角化している行列だと下記のようになります。もし対角化していない行列だと、大変複雑なことは容易に想像できるでしょう。

$$A=\begin{pmatrix} a_{11} & 0 & 0 & 0 \\ 0 & a_{22} & 0 & 0 \\ 0 & 0 & a_{33} & 0 \\ 0 & 0 & 0 & a_{44} \end{pmatrix} \quad A^n=\begin{pmatrix} (a_{11})^n & 0 & 0 & 0 \\ 0 & (a_{22})^n & 0 & 0 \\ 0 & 0 & (a_{33})^n & 0 \\ 0 & 0 & 0 & (a_{44})^n \end{pmatrix}$$

ということで、対角化のメリットを紹介した上で、対角化の手順について説明します。

対角化においては固有値と固有ベクトルが重要です。

行列 A の固有値、固有ベクトルとは、ある A という行列に対して、次のような関係が成り立つ実数とベクトルになります。

●固有値と固有ベクトル

$$A\boldsymbol{x} = \lambda\boldsymbol{x} \quad (\boldsymbol{x} \neq 0)$$

固有ベクトル　固有値

特に 2×2 の行列だと、下のようになります。

$$\begin{pmatrix} a & b \\ c & d \end{pmatrix}\begin{pmatrix} x_n \\ y_n \end{pmatrix} = \lambda_n \begin{pmatrix} x_n \\ y_n \end{pmatrix} \qquad A=\begin{pmatrix} a & b \\ c & d \end{pmatrix} \qquad \boldsymbol{x}=\begin{pmatrix} x_n \\ y_n \end{pmatrix}$$

この時、(x_n, y_n) がゼロベクトル $(0, 0)$ だと、任意の A や λ で式が成り立ちますので、意味がなくなります。よって、$\boldsymbol{x}$ はゼロベクトルではありません。

この時に固有値λ_1とλ_2に対する固有ベクトル$(\boldsymbol{x}_1,\ \boldsymbol{x}_2)$が存在していると言えて、異なる固有値の固有ベクトルは異なります。また、固有ベクトルを定数倍した$(a\boldsymbol{x}_n,\ a\boldsymbol{y}_n)$も上式を満たすことから、固有ベクトルはある直線上に存在するベクトルと言えます。

ここでは行列Aは2×2の行列で、2つの異なる実数の固有値λ_1とλ_2を持つとします。

xy平面上で固有値と固有ベクトルの関係を示すと下のようになります。

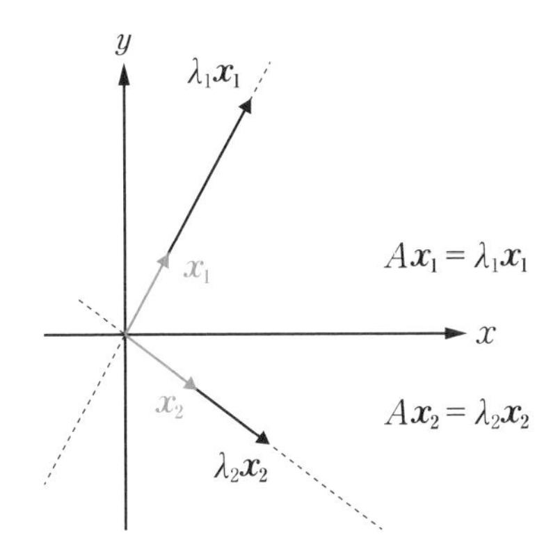

さて、固有値と固有ベクトルの説明が終わりましたので、行列の対角化の話に戻ります。

仮定のところで説明したように、このAではλ_1とλ_2という異なる実数の固有値とそれに対応する固有ベクトル$\boldsymbol{x}_1 = (x_1,\ y_1)$、$\boldsymbol{x}_2 = (x_2,\ y_2)$を持ちます。

この時、この2つのベクトルを使って次のように作った行列Pを使うと、$P^{-1}AP$が**対角行列**となります。$P^{-1}AP$は固有値λ_1とλ_2を対角成分に持つ対角行列となるのです。

$$P=\begin{pmatrix} x_1 & x_2 \\ y_1 & y_2 \end{pmatrix} \qquad P^{-1}AP=\begin{pmatrix} \lambda_1 & 0 \\ 0 & \lambda_2 \end{pmatrix}$$

これは3×3行列の時も同じで、3×3行列Aが異なる固有値λ_1、λ_2、λ_3、それに対応する固有ベクトル(x_1, y_1, z_1)、(x_2, y_2, z_2)、(x_3, y_3, z_3)を持つとすると、下のように対角化できます。

$$P=\begin{pmatrix} x_1 & x_2 & x_3 \\ y_1 & y_2 & y_3 \\ z_1 & z_2 & z_3 \end{pmatrix} \qquad P^{-1}AP=\begin{pmatrix} \lambda_1 & 0 & 0 \\ 0 & \lambda_2 & 0 \\ 0 & 0 & \lambda_3 \end{pmatrix}$$

そして同様に任意の$n \times n$の行列でも同じことが行えます。

最後に固有値と固有ベクトルの求め方を説明します。

固有値と固有ベクトルの定義によると、下式となります。

$$A\boldsymbol{x}=\lambda\boldsymbol{x} \quad \Rightarrow \quad (A-\lambda E)\boldsymbol{x}=\boldsymbol{0} \quad (E\text{は単位行列})$$

この時に$(A-\lambda E)$が逆行列を持つとすると、$\boldsymbol{x}$は全成分が0のゼロベクトルが唯一の解となります。ですから、これがゼロベクトル以外の解を持つためには$(A-\lambda E)$が逆行列を持たない、つまり$(A-\lambda E)$の行列式が0となることが条件になります。

ここから固有値λと固有ベクトルを求めることができます。これが対角化の手順となります。

例をあげましょう。下記の行列Aの固有値と固有ベクトルを求めます。

$$A=\begin{pmatrix} 4 & 1 \\ -2 & 1 \end{pmatrix}$$

$$(A-\lambda E)=\begin{pmatrix} 4-\lambda & 1 \\ -2 & 1-\lambda \end{pmatrix} \quad \text{だから}$$

$$\begin{aligned} \det(A-\lambda E) &= (4-\lambda)(1-\lambda)+2 \\ &= \lambda^2-5\lambda+6 \\ &= (\lambda-2)(\lambda-3) \\ &= 0 \end{aligned}$$

よって　$\lambda_1=2$　$\lambda_2=3$

・固有値 $\lambda_1=2$ のとき

$(A-\lambda_1 E)\boldsymbol{x}_1=\boldsymbol{0}$

に $\lambda_1=2$ と $A=\begin{pmatrix}4 & 1\\ -2 & 1\end{pmatrix}$ を

代入すると、

$$\left\{\begin{pmatrix}4 & 1\\ -2 & 1\end{pmatrix}-2\begin{pmatrix}1 & 0\\ 0 & 1\end{pmatrix}\right\}\boldsymbol{x}_1=\boldsymbol{0}$$

$$\begin{pmatrix}2 & 1\\ -2 & -1\end{pmatrix}\boldsymbol{x}_1=\boldsymbol{0}$$

よって、$\boldsymbol{x}_1=\begin{pmatrix}1\\ -2\end{pmatrix}$

・固有値 $\lambda_2=3$ のとき

$(A-\lambda_2 E)\boldsymbol{x}_2=\boldsymbol{0}$

に $\lambda_2=3$ と $A=\begin{pmatrix}4 & 1\\ -2 & 1\end{pmatrix}$ を

代入すると、

$$\left\{\begin{pmatrix}4 & 1\\ -2 & 1\end{pmatrix}-3\begin{pmatrix}1 & 0\\ 0 & 1\end{pmatrix}\right\}\boldsymbol{x}_2=\boldsymbol{0}$$

$$\begin{pmatrix}1 & 1\\ -2 & -2\end{pmatrix}\boldsymbol{x}_2=\boldsymbol{0}$$

よって、$\boldsymbol{x}_2=\begin{pmatrix}1\\ -1\end{pmatrix}$

よって $P=\begin{pmatrix}1 & 1\\ -2 & -1\end{pmatrix}$ とすると $P^{-1}=\begin{pmatrix}-1 & -1\\ 2 & 1\end{pmatrix}$ となり

下のように対角化できる。

$$\underset{P^{-1}}{\begin{pmatrix}-1 & -1\\ 2 & 1\end{pmatrix}}\underset{A}{\begin{pmatrix}4 & 1\\ -2 & 1\end{pmatrix}}\underset{P}{\begin{pmatrix}1 & 1\\ -2 & -1\end{pmatrix}}=\begin{pmatrix}2 & 0\\ 0 & 3\end{pmatrix}$$

教科書では、特性方程式が重解を持つ場合であるとか、対角化ができないような特殊な例に多くのページが割かれています。

最終的にはそこまで学ぶ必要がありますが、初学者はまず $n\times n$ の正方行列が n 個の異なる固有値を持つときの対角化の考え方から押さえて下さい。

∂とdは何が違うのか？（多変数関数）

多変数関数の微積分は、そんなに戸惑いなく進められる項目だと考えています。高校で習う１変数関数の微積分がある程度しっかり理解できていれば、簡単に拡張できるはずだからです。

だから、ここで詰まる人は１変数の微積分を完全には理解できていない可能性があります。ですから、**多変数関数の微積分がわからなかったら、１変数の微積分に戻ってみる**ことをお勧めします。

導関数は元の関数の何を表しているのか？　積分でどうやって面積、体積、曲線の長さを求めるのか？　それを完璧に理解すれば、多変数の微積分の理解は楽になるでしょう。

偏微分と全微分

偏微分とは多変数関数において、注目する変数以外の変数を固定して（定数とみなして）微分することです。

変数が１つの場合は固定する他の変数がありませんから、偏微分という概念は生じません。偏微分は多変数関数ならではの考え方です。

●偏微分

多変数関数$z=f(x,\ y)$において、特定の文字以外を定数とみなして微分することを偏微分という。偏微分は下記のように記述する。

xについて$\dfrac{\partial z}{\partial x}$　　yについて$\dfrac{\partial z}{\partial y}$

例　$z=f(x,\ y)=x^2+3xy+4y^2$のとき

$\dfrac{\partial z}{\partial x}=2x+3y$　　$\dfrac{\partial z}{\partial y}=3x+8y$

計算方法自体は、ただ他の変数を固定して（定数のように扱って）、微分するだけですので簡単です。例を見るだけで、高校で微分を勉強した人であれば、すぐできてしまうでしょう。

ということで、計算はできるようになったと思います。次にその偏微分に、何の意味があるかについて説明します。

ここで理解のポイントになるのが全微分です。多変数関数になると、微分が偏微分になって、全ての d が ∂ に変わると思っている人もいるでしょう。しかし、多変数関数においても d は使われます。それを全微分と呼びます。

例えば $z=f(x,\ y)$ という2変数関数の場合、全微分は下のように表されます。ポイントは dz（z の微小増分）が偏微分係数と dx、dy（それぞれ x, y の微小増分）の積の和で表されることです。

全微分

多変数関数 $z=f(x,\ y)$ において、全微分は下のように定義される。

$$dz=\frac{\partial z}{\partial x}dx+\frac{\partial z}{\partial y}dy$$

この式を説明するために1変数の微分を考えてみましょう。関数 $y=f(x)$ の y の増分 dy は導関数と x の微小増分 dx を使って、下のように表されます。

$$dy=\frac{dy}{dx}dx$$

この考え方を2変数に拡張すると、全微分の定義の式となります。

図で説明すると、次のようになります。2変数の場合は、zの微小増分dzを考える時、yを固定した時のxの微小増分dxとxを固定した時のyの微小増分dyによる寄与の和となります。その係数が**偏微分係数**というわけです。

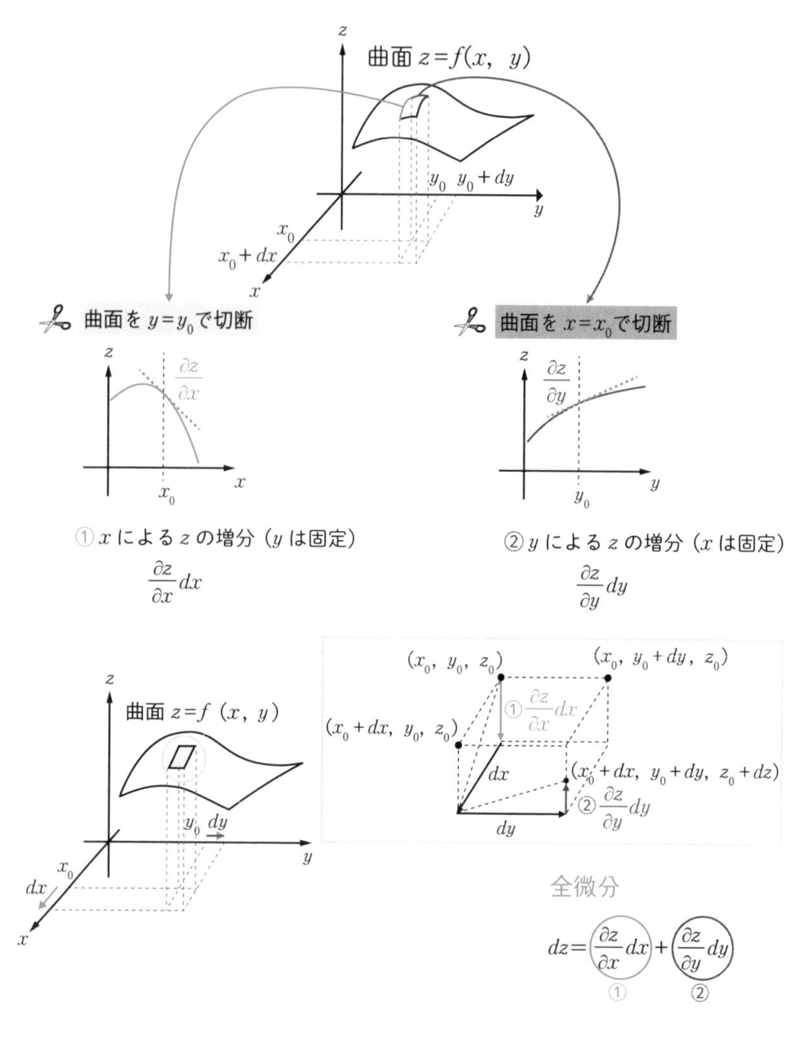

ですから、偏微分とは多変数関数の増分を考えた時の、それぞれの変数の増分の係数と考えるとわかりやすいでしょう。

重積分で体積を求める

多変数関数における微分が偏微分でしたが、積分は**重積分**となります。

2変数の場合には、下記のような**二重積分**と呼ばれる積分です。

●二重積分

2変数関数 $f(x,\ y)$ を、

領域 $G: a \leqq x \leqq b$ かつ $c \leqq y \leqq d$ で積分

すること（二重積分）を、次の式で表す。

$$\iint_G f(x,\ y)\,dxdy = \int_c^d \int_a^b f(x,\ y)\,dxdy$$

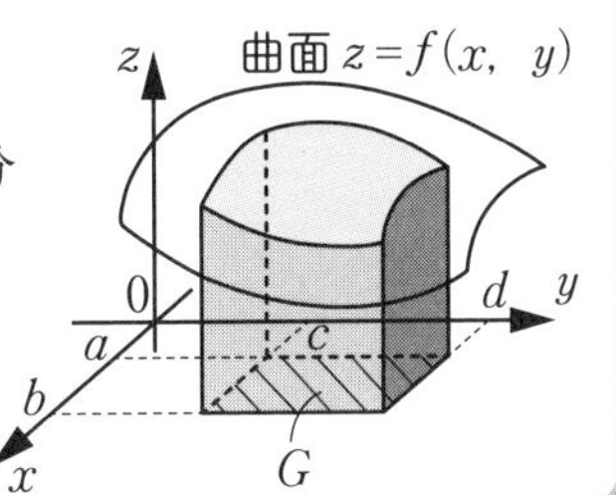

重積分も計算は簡単で、例えば $z=f(x,\ y)$ をある区間で積分する時には、変数を固定して2回積分を繰り返すだけです。下に例を示します。

例 下記の重積分を計算する。

$$\iint_G (2y^2 - xy)\,dxdy$$

G は $1 \leqq x \leqq 3$ かつ $1 \leqq y \leqq 2$ の領域

$$\int_1^2 \int_1^3 \left\{(2y^2 - xy)\,dx\right\} dy$$

$$= \int_1^2 \left[2xy^2 - \frac{1}{2}x^2 y\right]_1^3 dy$$

$$= \int_1^2 \left\{\left(6y^2 - \frac{9}{2}y\right) - \left(2y^2 - \frac{1}{2}y\right)\right\} dy$$

$$= \int_1^2 (4y^2 - 4y)\,dy$$

$$= \left[\frac{4}{3}y^3 - 2y^2\right]_1^2 = \left(\frac{32}{3} - 8\right) - \left(\frac{4}{3} - 2\right)$$

$$= \frac{10}{3}$$

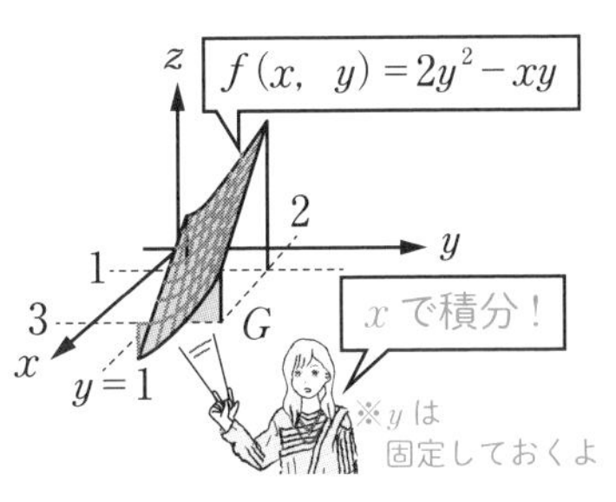

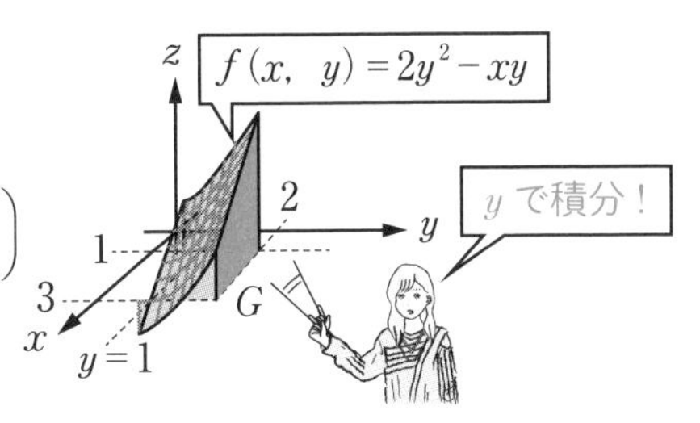

多変数関数の場合、範囲のある定積分は可能ですが、不定積分という概念はありません。つまり、1変数関数の原始関数に相当するものは存在しないことに注意して下さい。

次に、この重積分の意味を説明します。1変数関数の場合は$y=f(x)$の定積分は面積を意味していました。一方、2変数関数$z=f(x, y)$の重積分は**体積**を表します。

微小増分の積$dxdy$は**面積**を表します。ですから、面積で積分すると考えても良いです。面積$dxdy$にzつまり高さをかけたものは四角柱の体積になります。そして、対象区間の四角柱を足し合わせるわけですから、この積分は体積を表すわけです。

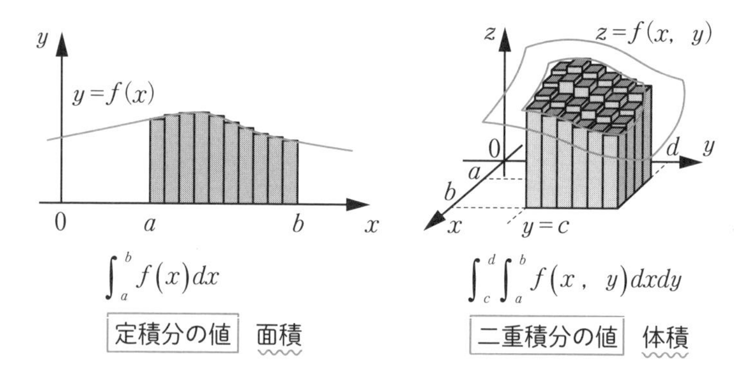

$$\int_a^b f(x)dx$$

定積分の値　面積

$$\int_c^d \int_a^b f(x, y)dxdy$$

二重積分の値　体積

面で積分する$\iint_G f(x, y)\,dxdy$は**重積分**と呼びます。一方、本文中では混乱を招くため明確には区別していませんでしたが、$\int_c^d \int_a^b f(x, y)dxdy$のように変数ごとに積分することを**累次積分**（または**逐次積分**）と呼びます。この累次積分は計算の方法で、意味としては重積分の計算方法が累次積分という理解で問題ありません。

さらに、$w=f(x,\ y,\ z)$ と3変数関数になっても、計算の手順は増えますが、やることは2変数の重積分と変わりません。

$x,\ y,\ z$ の3変数に加え w の値を図示しようとすると4次元となってしまうため、我々の3次元世界で図示することは不可能です。

3変数までの積分を次にまとめました。1変数の関数を積分すると面積（2次元）になり、2変数の関数を重積分すると体積（3次元）になります。積分すると次元が1つ上がるというわけです。

	1変数関数の積分 $\int_a^b f(x)dx$	2変数関数の積分 $\int_c^d \int_a^b f(x,\ y)dxdy$	3変数関数の積分 $\int_e^f \int_c^d \int_a^b f(x,y,z)dxdydz$
積分領域	1次元 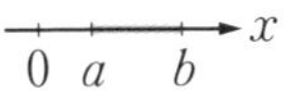	2次元 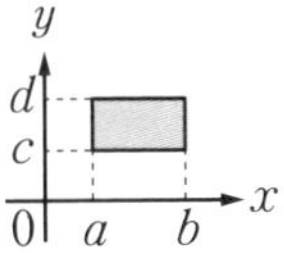	3次元 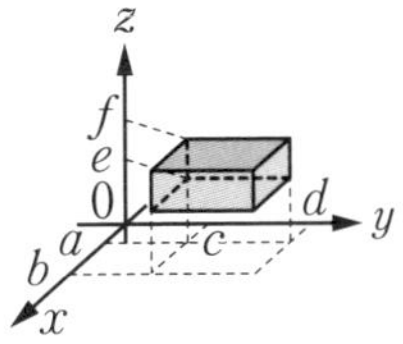
積分値	面積（2次元） 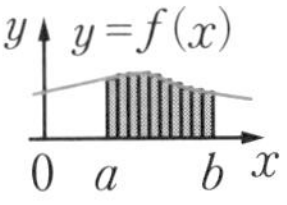	体積（3次元） 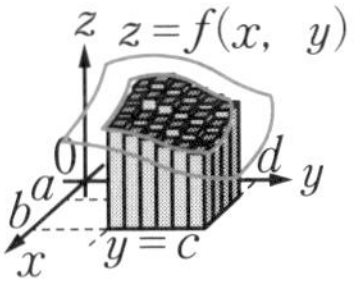	4次元 ※図示不可

線でも面でも積分できる

先ほど紹介したように、多変数関数の積分は重積分となります。しかし、2変数関数であっても、線（一般には曲線）で積分することもできます。この**線積分**の概念もしっかりと理解しておきましょう。

例えば2変数関数 $z=f(x,\ y)$ を図のような曲線 C で積分することを考えてみましょう。ここで図中に示された円柱の高さが z、すなわち $f(x,y)$ の値を示しています。

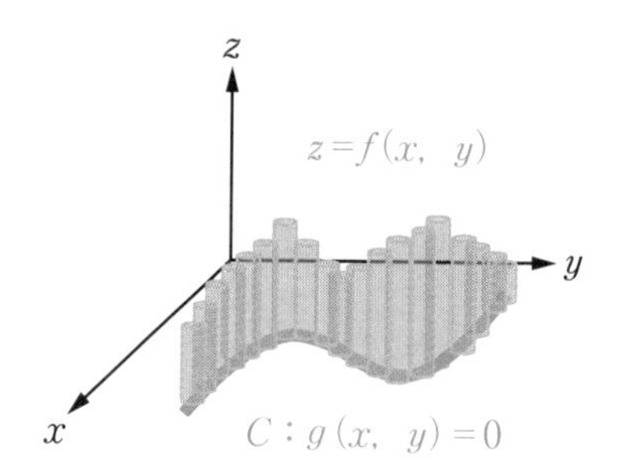

下にこの積分を式で示しています。これを見ると $f(x,\ y)$ は関数値でそれに dr というものを掛けています。ここで dr とは曲線 C を微小部分に分割した時の長さです。書き換えると $dr=\sqrt{(dx)^2+(dy)^2}$ となります。

$$\int_C f(x,\ y)dr=\lim_{n\to\infty}\sum_{k=1}^{n}f(x_k,\ y_k)\Delta r_k \qquad dr=\sqrt{(dx)^2+(dy)^2}$$

ここで C は曲線ではありますが、微小な部分に分割するとほぼ直線とみなせます。そして、その微小直線の長さとその時の関数値をかけ合わせた和を考えます。最後に分割数を無限に大きくした時の極限が、線積分の値となるわけです。

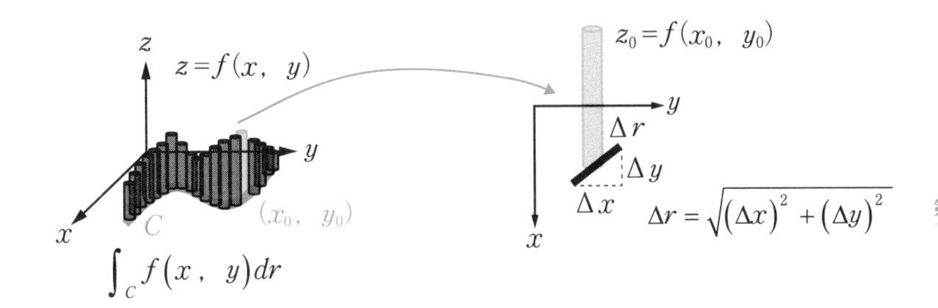

ここでの線積分は線分の長さを求めるものではありません（そう誤解される方が多いです）。線分の長さと $f(x, y)$ の積を足し合わせていることに注意して下さい。

もし、被積分関数が $f(x, y)=1$ という定数関数であれば、その時の積分関数の値は線分の長さになります。

同様に３変数関数 $w=f(x, y, z)$ を面（一般には曲面）で積分することも可能です。この場合の**面積分**の式は次のようになります。

なおここでの円柱は w の値を示しています。z 方向に伸びていますが、z の値とは関係ないことに注意して下さい。

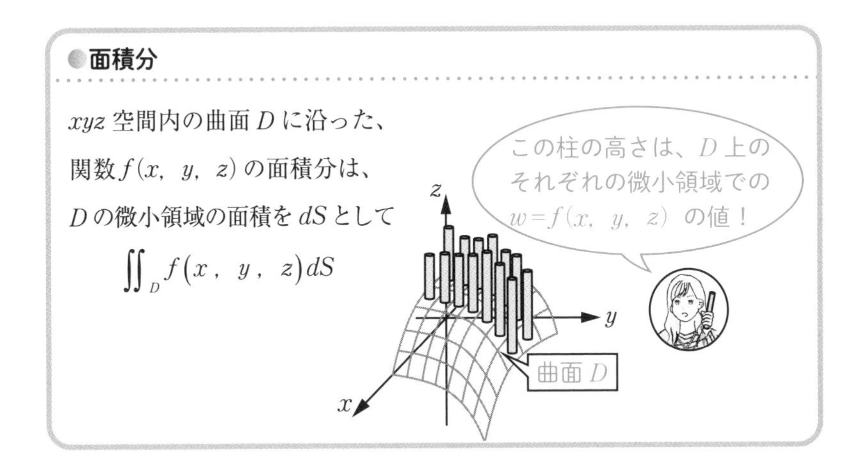

ここでの dS とは曲面 D を分割した時の、微小面積要素になります。それに $f(x,\ y,\ z)$ をかけている形です。

D は曲面ではありますが、微小な部分に分割すると、ほぼ平面とみなせます。その平面の面積と $f(x,\ y,\ z)$ の関数値を掛け合わせた値を、D という領域で足し合わせた和を考えます。そして、その分割数を無限大にした極限が、面積分になるわけです。

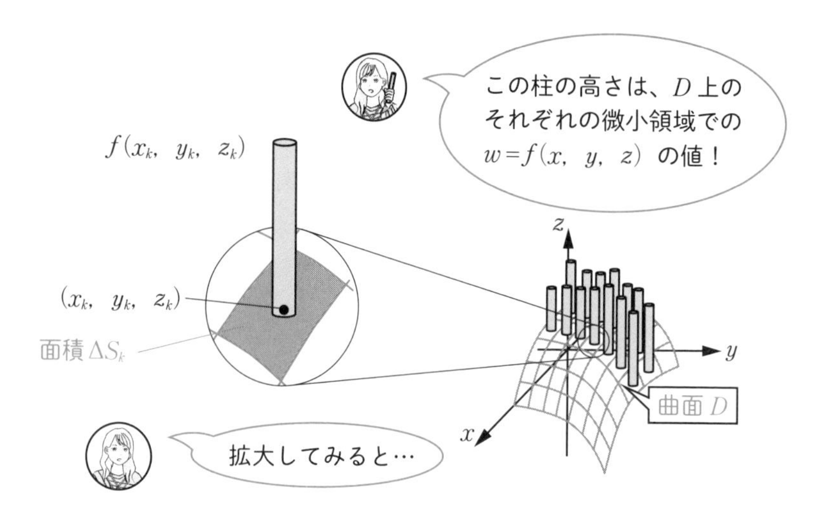

同様に考えると任意の立体における積分、体積分も同様に考えられることもわかるでしょう。

ラグランジュの未定乗数法の意味

ラグランジュの未定乗数法は一見何をやっているのか、つかみにくいですが、この方法は関数の最大値や最小値を求めるために良く使われます。ですから手順はしっかりと理解しておくようにしましょう。

このラグランジュの未定乗数法は2変数の場合は、下のようになります。

ラグランジュの未定乗数法

$x,\ y$ が拘束条件 $g(x,\ y)=0$ を満たしながら動くとき、$z=f(x,\ y)$ が最大、最小となる $x,\ y$ では、下式が成り立つ。

$F(x,\ y,\ \lambda)=f(x,\ y)-\lambda g(x,\ y)$ としたとき

$$\frac{\partial F}{\partial x}=\frac{\partial F}{\partial y}=\frac{\partial F}{\partial \lambda}=0$$

λ はいったい何なのか？　この関数 $F(x,\ y,\ \lambda)$ に何の意味があるのだ？　と悩むかもしれませんが、まずは手順として受け入れて下さい。

この方法を使って、最大値を求める手順を下に示します。

例 $x^2+y^2=4$ の条件の下で $f(x,\ y)=4xy$ の最大値を求める。

上式において $g(x,\ y)=x^2+y^2-4$ と置くと、

$F(x,\ y,\ \lambda)=4xy-\lambda(x^2+y^2-4)$

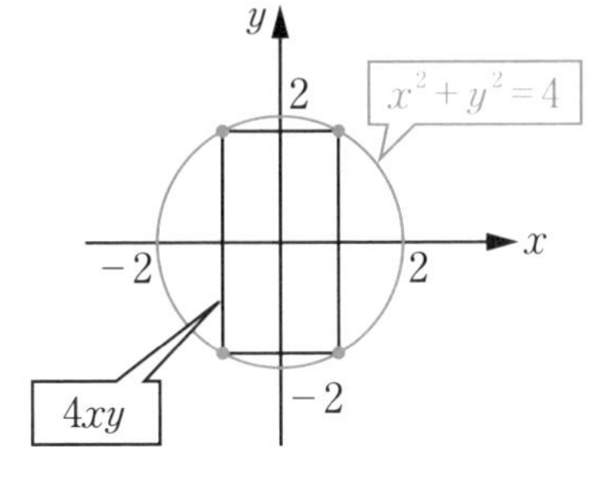

$$\frac{\partial F}{\partial x}=4y-2\lambda x=0 \qquad \cdots①$$

$$\frac{\partial F}{\partial y}=4x-2\lambda y=0 \qquad \cdots②$$

$$\frac{\partial F}{\partial \lambda}=x^2+y^2-4=0 \qquad \cdots③$$

①、②、③かつ　$x,\ y\geqq 0$ をみたすのは（最大値だから）

$\lambda=2 \quad x=y=\sqrt{2}$

$x=y=\sqrt{2}$ を $f(x,\ y)$ に代入すると、確かに最大値 8 をとる。

重要なことは、この方法によって得られた $x,\ y$ の値は $f(x,\ y)$ が極値をとる必要条件であって、十分条件ではないということです。つまり、その $x,\ y$ の値が実際には極値になっていない可能性があるので、本当に極

値かどうか確認する必要があります。

さらにラグランジュの未定乗数法は変数が２つ以上の式にも、束縛条件が複数ある場合にも使えます。一般化したラグランジュの未定乗数法は次のようになります。

ラグランジュの未定乗数法（一般形）

例えば、$f(x, y, z, w)$が、２つの束縛条件$g(x, y, z, w)=0$、$h(x, y, z, w)=0$を満たす(x, y, z, w)をとりながら変化するとき、$f(x, y, z, w)$が極値をとるような(x, y, z, w)は、変数λ、μを含む次の式を満たす。

束縛条件の数だけ未定乗数を用意

$$F(x, y, z, w, \lambda, \mu)=f(x, y, z, w)-\lambda g(x, y, z, w)-\mu h(x, y, z, w)$$

として

$$\underbrace{\frac{\partial F}{\partial x}=\frac{\partial F}{\partial y}=\frac{\partial F}{\partial z}=\frac{\partial F}{\partial w}}_{f(x,\ y\cdots)\text{ の変数分の立式}}=\underbrace{\frac{\partial F}{\partial \lambda}=\frac{\partial F}{\partial \mu}}_{\text{未定乗数の分の立式}}=0$$

特に統計の分野では変数が多くなる場合が多いです。そんな複雑な式の最大値や最小値を求める時に、この方法が使われます。例えば、統計学における主要因分析や因子分析といった分析にも使われている方法ですので、手順の概要は理解しておきましょう。

実際の計算はあまりに複雑なので、手計算で行うことは現実的ではありません。そこはコンピュータに任せれば良いことです。

ネイピア数の大事さがわかる（微分方程式）

微分方程式とは解に関数を持つ方程式です。特に物理や工学の分野において、ニュートンの運動方程式とかマックスウェルの方程式など、「方程式」とつくものがたくさんあります。それらは微分方程式であり、世の中の物理法則を司っているとも言えます。

実際のところ、世の中で使われる微分方程式の中で解析的に解ける（数式の形で解が与えられる）ものは少なく、ほとんどの微分方程式は数値的に解かれているのが現状です。しかし、微分方程式への理解を深めるために、ある程度の解法のテクニックは学んでおきましょう。

特に「線形」の性質を使えば、線形代数のような手法で微分方程式を解くことができます。線形であることの便利さを感じて下さい。

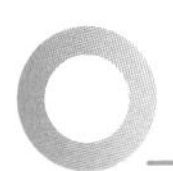

微分方程式とは何か？

微分方程式は、高校や中学で勉強した方程式と大きく異なります。

例えば1次方程式や2次方程式は方程式を満たすxの数値を求めるものでした。それに対して、微分方程式は数ではなく関数を求める方程式です。

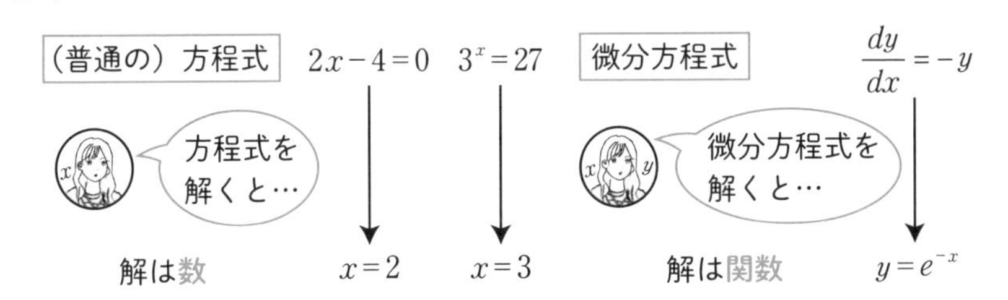

ですので、微分方程式を解くとは、その微分方程式を満たす関数を求めることになります。

一番シンプルな形で変数分離法という形の微分方程式の解き方を紹介します。

これは左辺と右辺にそれぞれ y の項と x の項を分離します。そして、それぞれ積分をして、解を求める方法です。

例 $\dfrac{dy}{dx}=2y$という微分方程式を解く。

左辺に y の項、右辺に x の項を集める。（変数分離）

$$\frac{1}{2y}dy=dx$$

両辺を積分すると $\displaystyle\int\frac{1}{2y}dy=\int dx \rightarrow \frac{1}{2}\log_e|y|=x+C$

e の指数を取ると $|y|=e^{2x+2C} \rightarrow y=\pm e^{2C}e^{2x}$

積分定数を $C'=\pm e^{2C}$ とすると、求める解は $y=C'e^{2x}$

この解法からわかりますが、微分方程式の解は積分定数（任意定数）を含むので1つには定まりません。1つに決めるためには初期条件が必要になります。

例えば上の例の場合 $x=0$ の時に $y=2$ という条件があれば、$C'=2$ となり、$y=2e^{2x}$ と1つの解に定まります。

微分方程式を解くと、e^x の形の関数がたくさん登場します。

というのも e^x は微分すると自分自身になる、すなわち基本的な $\dfrac{dy}{dx}=y$ という微分方程式の解になるからです。微分方程式を扱っていると、ネイピア数の偉大さを感じて頂けると思います。

微分方程式と線形性

次のような2階の微分方程式を考えてみます。このような2階導関数を含む形の微分方程式は、物理や工学で頻繁に登場します。

$$\frac{d^2y}{dx^2}-3\frac{dy}{dx}+2y=0$$

上の微分方程式の解の1つはe^xで確かにこの方程式を満たしていることがわかります。同様にe^{2x}も解になります。そして、その重ね合わせ$C_1e^x+C_2e^{2x}$も解となるわけです。

このような基本解の重ね合わせが解となる性質が成り立つ微分方程式を線形微分方程式と呼びます。

そして、この場合、特性方程式と呼ばれる方程式を用いて、この微分方程式の解は下記のように一般化できます。

与えられた微分方程式に$y=e^{\lambda x}$という解を入れてみると、確かに特性方程式の形になることがわかると思います。

微分方程式 $\frac{d^2y}{dx^2}+p\frac{dy}{dx}+qy=0$ の一般解 (p、qは定数)

与えられた微分方程式において$y=e^{\lambda x}$とすると

$$\frac{d^2y}{dx^2}+p\frac{dy}{dx}+qy=\lambda^2e^{\lambda x}+p\lambda e^{\lambda x}+qe^{\lambda x}=0$$

だから $\lambda^2e^{\lambda x}+p\lambda e^{\lambda x}+qe^{\lambda x}=0$

両辺を$e^{\lambda x}$でわると $\underline{\lambda^2+p\lambda+q=0}$

特性方程式

微分方程式の解は特性方程式($\lambda^2+p\lambda+q=0$)の解を用いて表せる。

$p^2-4q>0$ のとき　特性方程式は異なる2実数解 λ_1, λ_2 を持つ。

$$y=C_1 e^{\lambda_1 x}+C_2 e^{\lambda_2 x}\quad (C_1,\ C_2 \text{は任意定数})$$

基本解　重ね合わせ　基本解

$p^2-4q<0$ のとき　特性方程式は2虚数解 $\alpha \pm i\beta$ (α, βは実数)を持つ。

$$y=C_1 e^{\alpha x}\cos\beta x+C_2 e^{\alpha x}\sin\beta x\quad (C_1,\ C_2 \text{は任意定数})$$

基本解　重ね合わせ　基本解

$p^2-4q=0$ のとき　特性方程式は1実数解(重解) λ_0 を持つ。

$$y=C_1 e^{\lambda_0 x}+C_2 xe^{\lambda_0 x}\quad (C_1,\ C_2 \text{は任意定数})$$

基本解　重ね合わせ　基本解

微分方程式の形が線形だと、このように解をシンプルに重ね合わせの形で表すことができます。

もう一例、線形の微分方程式の例を出します。先ほどより複雑ですが、下のような**連立微分方程式**は、線形代数の行列の考え方で扱えます。

$$\frac{dx}{dt}=4x+y$$

$$\frac{dy}{dt}=-2x+y$$

なかなかややこしそうですが、これをよく見ると上式の y の項と下式の x の項がなければ簡単に解くことができることがわかるでしょう。

ですから何とかして、この項をなくせないかと考えるわけです。

一方、この連立微分方程式は行列を使って、下のように表現できます。すると、この行列 A を対角化できれば、邪魔な項を除去してこの連立微分方程式を楽に解けそうです。

$$\frac{d}{dt}\begin{pmatrix} x \\ y \end{pmatrix} = \begin{pmatrix} 4 & 1 \\ -2 & 1 \end{pmatrix}\begin{pmatrix} x \\ y \end{pmatrix}$$

$$\frac{d\boldsymbol{x}}{dt} = A\boldsymbol{x}$$

この行列 A は161ページで対角化していて、下のようになっています。

$$\underset{P^{-1}}{\begin{pmatrix} -1 & -1 \\ 2 & 1 \end{pmatrix}}\underset{A}{\begin{pmatrix} 4 & 1 \\ -2 & 1 \end{pmatrix}}\underset{P}{\begin{pmatrix} 1 & 1 \\ -2 & -1 \end{pmatrix}} = \underset{D}{\begin{pmatrix} 2 & 0 \\ 0 & 3 \end{pmatrix}}$$

すると、このように解くことができます。

$P^{-1}AP = D$、つまり $A = PDP^{-1}$ より、

$$\frac{d\boldsymbol{x}}{dt} = PDP^{-1}\boldsymbol{x}$$

さらに、P^{-1} を左辺に掛けることにより、

$$P^{-1}\frac{d\boldsymbol{x}}{dt} = P^{-1}PDP^{-1}\boldsymbol{x}$$

ここで、

$$\underset{P^{-1}}{\begin{pmatrix} -1 & -1 \\ 2 & 1 \end{pmatrix}}\underset{x}{\begin{pmatrix} x \\ y \end{pmatrix}} = \underset{P^{-1}x}{\begin{pmatrix} -x-y \\ 2x+y \end{pmatrix}}$$

となるので、結局下のようになります。

$$\frac{d}{dt}\begin{pmatrix} -x-y \\ 2x+y \end{pmatrix} = \begin{pmatrix} 2 & 0 \\ 0 & 3 \end{pmatrix}\begin{pmatrix} -x-y \\ 2x+y \end{pmatrix}$$

この微分方程式は対角化されているので簡単に解けます。

$$-x-y=C_1 e^{2t}$$
$$2x+y=C_2 e^{3t}$$

ここから下のように解が得られます。

$$x=C_1 e^{2t}+C_2 e^{3t}$$
$$y=-2C_1 \mathrm{e}^{2t}-C_2 e^{3t}$$

このように線形という性質があると、微分方程式と線形代数がつながることになります。

一見全く別物に見える行列と微分方程式が、線形という抽象化により同じような扱いができるようになるわけです。数学による**抽象化**とは、このようなメリットがあるのです。

また、数学の問題は線形か、線形でないかで、扱いの難しさに大きな差がでます。だから、非線形に見える問題の形式を変えて線形にしたり、近似を使って強引に線形の問題に変えたりすることもあります。

微分方程式の数値解を得るオイラー法

微分方程式は一般的には解けませんから、ほとんどの場合は数値的に解を求めるしかありません。ですので、微分方程式の数値解法は重要です。

ここでは最もシンプルな**オイラー法**を紹介します。オイラー法は $\frac{dy}{dx}=f(x,\ y)$ 型の微分方程式を数値的に解く方法です。

ちなみに微分方程式の解は関数です。だから、先ほど紹介した微分方程式の解は数式でした。一方、数値的に解く場合「解く」というのは、$(x,\ y)$ の点の集合を求めることになります。つまり、$y=f(x)$ のグラフを描くと考えて頂ければ良いと思います。

さて、オイラー法の手順について解説します。オイラー法を一言で言うと接線を使って、関数の増分を近似する方法と言えるでしょう。

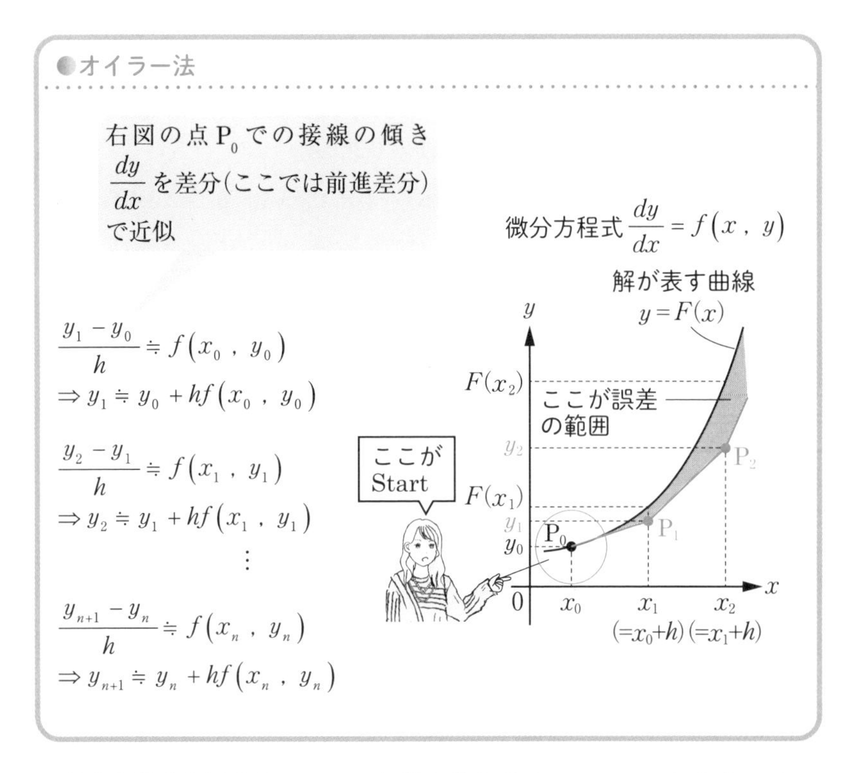

微分方程式を解くためには、初期条件が必要ですのでこれを$(x, y)=(x_0, y_0)$とおきます。

(x_n, y_n)という点から、(x_{n+1}, y_{n+1})を求める時に、$\frac{dy}{dx}=f(x, y)$ですから、(x_n, y_n)における接線の傾きは$f(x_n, y_n)$と表されます。

これを利用して、$x_{n+1}=x_n+\Delta x$、$y_{n+1}=y_n+f(x_n, y_n)\Delta x$と近似して求める方法です。ここで図に示すグレーの部分が誤差です。次の点はその誤差を含んだ点から計算するため、誤差が蓄積されやすい方法になります。

具体例を出してみましょう。例えば$\frac{dy}{dx}=x+y$という微分方程式があったとします。初期条件が$(x_0, y_0)=(0, 1)$、$\Delta x=0.2$とすると$y_1 \sim y_5$は次のように求められます。

$$y_0=y(0)=1$$
$$y_1=y(0.2)=y_0+h\times f(x_0, y_0)=1+0.2(0+1)=1.2$$
$$y_2=y(0.4)=y_1+h\times f(x_1, y_1)=1.2+0.2(0.2+1.2)=1.48$$
$$y_3=y(0.6)=y_2+h\times f(x_2, y_2)=1.48+0.2(0.4+1.48)=1.856$$
$$y_4=y(0.8)=y_3+h\times f(x_3, y_3)=1.856+0.2(0.6+1.856)=2.3472$$
$$y_5=y(1.0)=y_4+h\times f(x_4, y_4)=2.3472+0.2(0.8+2.3472)=2.97664$$

オイラー法は精度がいまいちのため、実際の計算で使われることはほとんどありません。実際の数値計算には**ルンゲ・クッタ法**と呼ばれる精度を改善した方法が使われます。

微分系ではなく積分系で考えよう(ベクトル解析)

ベクトルの微積分は公式を丸暗記してしまえば機械的に対応はできるとは思います。ただし計算はできるのだけど、意味はよくわからない方が多いのではないのでしょうか。

ここでは、そもそもベクトル関数がどのようなものか？　ベクトルの微分の意味から説明します。

ベクトル解析は身の回りのものに対応させて理解することも可能ですので、ぜひイメージをつかんで理解して下さい。流体力学や電磁気学の理解にも役立ってくれます。

基礎的な計算方法を身につけた上で勾配・発散・回転のイメージができることが、まず目指すべきゴールです。

ベクトル関数とは何か？

最初にベクトル関数とはどのようなものか？　について説明していきます。

例えば xy 平面を考えます。この時に通常の2変数関数 $f(x, y)$ は1とか $-\pi$ といった値を返します。それに対して、ベクトル関数 $\boldsymbol{A}(x, y)$ は x と y の値に対して、ベクトル $\boldsymbol{A}(x, y)$ を返します。

(x, y)		(数値 z)
1, 0	スカラー関数 $z=f(x, y)$	5
2, 3		$\sqrt{3}$

(x, y)		(ベクトル $\boldsymbol{A}$)
1, 0	ベクトル関数 $\boldsymbol{A}=\boldsymbol{A}(x, y)$	(5, 1)
2, 3		$(1, \sqrt{3})$

ベクトル関数の実例として、風向と風速があります。天気予報で次のような図を見たことがあると思います。風は向きと大きさの2つの値を持つ

ベクトル量ですから、ある地点$(x, \ y)$における風向・風速はベクトル量で表現できるわけです。

これに対して、温度や湿度はただの数値、すなわち**スカラー**ですから、通常の多変数関数となります。

スカラー関数の例
・ある地点の温度
・ある地点の気圧
・ある点の電位

ベクトル関数の例
・ある地点の風向・風速
・ある地点の地磁気（地球による磁気）
・ある点の電場

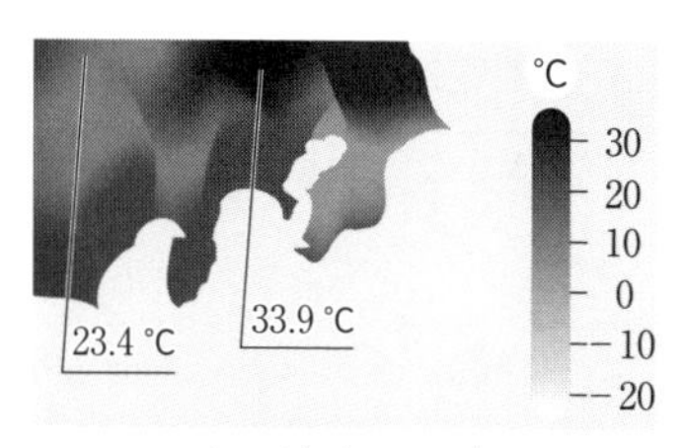

ある地点の温度

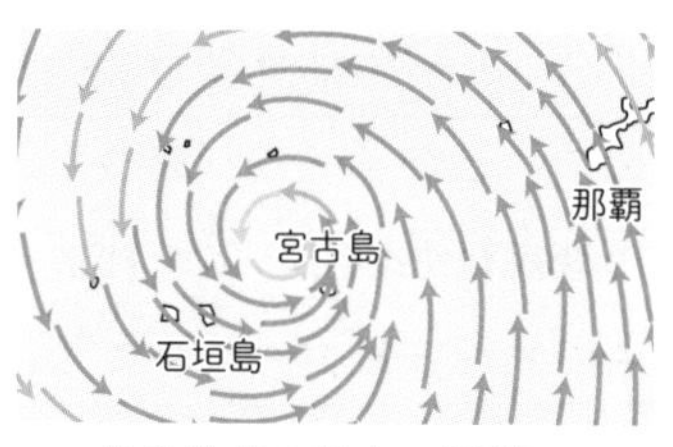

ある地点の風向・風速

ベクトルの微分の意味は？

ベクトル関数$\boldsymbol{A}(t) = (A_x(t), \ A_y(t), \ A_z(t))$の微分は下のように、スカラー関数の微分と全く同じ形で表されます。

$$\text{ベクトル関数}\ \boldsymbol{A}(t)\ \text{の導関数：}\boldsymbol{A}'(t) = \frac{d\boldsymbol{A}(t)}{dt} = \lim_{\Delta t \to 0} \frac{\boldsymbol{A}(t+\Delta t) - \boldsymbol{A}(t)}{\Delta t}$$

計算する時は、ベクトルを成分に分けて各成分ごとに微分すれば良いだけです。ですから、計算方法は簡単に身につけられることでしょう。

ベクトル関数の導関数の成分表示

$\boldsymbol{A}(t) = (A_x(t), \ A_y(t), \ A_z(t))$のとき

$$\frac{d\boldsymbol{A}(t)}{dt} = \left(\frac{dA_x(t)}{dt}, \frac{dA_y(t)}{dt}, \frac{dA_z(t)}{dt}\right) = \left(A_x'(t), \ A_y'(t), \ A_z'(t)\right)$$

ただし、これだけでは何をしているのかわかりません。ここではベクトルの微分をイメージするために、矢印であるベクトルを微分すると、どんな矢印になるのか示してみましょう。

例えば下の図のように、平面上のある軌道を方向を変えながら走る車を考えてみましょう。この時に時間 t における、原点からの車の位置を示すベクトル関数 $\boldsymbol{A}(t)$ を考えます。

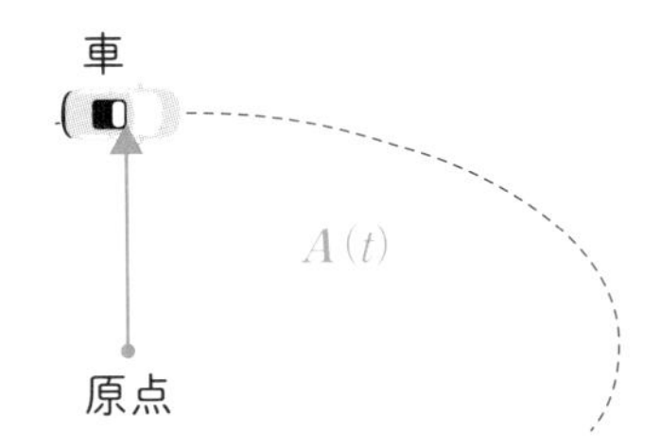

先ほどお伝えしたようにベクトルにおける微分もスカラーと同じように定義されて、ベクトル関数 $\boldsymbol{A}(t)$ を微分した関数 $\boldsymbol{A}'(t)$ は下の式で表されます。この $\boldsymbol{A}'(t)$ を図示してみたいと思います。

$$\boldsymbol{A}'(t)=\frac{d\boldsymbol{A}(t)}{dt}=\lim_{\Delta t\to 0}\frac{\boldsymbol{A}(t+\Delta t)-\boldsymbol{A}(t)}{\Delta t}$$

時間 t における位置のベクトルは図のように $\boldsymbol{A}(t)$ になります。そして、t から時間1経過した後の位置のベクトルは $\boldsymbol{A}(t+1)$ のようになります。この時、平均の速度ベクトルは $\frac{\Delta \boldsymbol{A}}{1}$ と表されます。

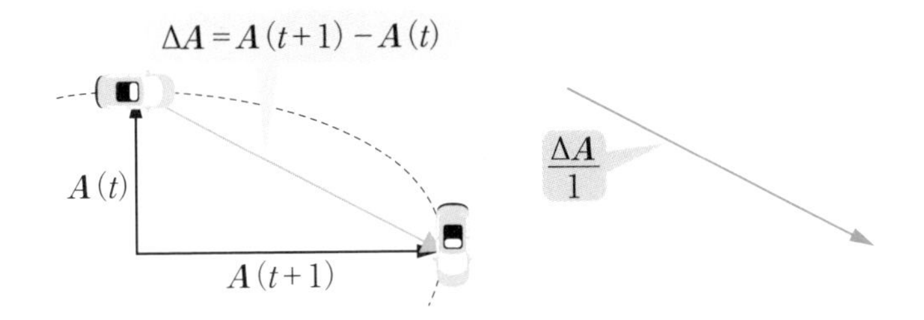

次にtの間隔を0.5、0.25に狭めてみます。その時の平均の速度ベクトルは図中の$\frac{\Delta \boldsymbol{A}}{0.5}$, $\frac{\Delta \boldsymbol{A}}{0.25}$と表されます。

時間変化が小さくなってベクトルの変化が小さくなっても、分母（時間間隔）が小さくなるため、ベクトルの大きさは小さくなりません。

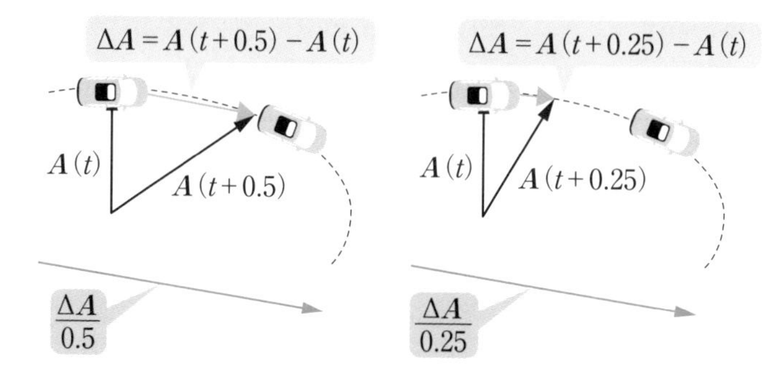

そして、時間間隔Δtを0に近づけた極限がtにおける瞬間の速度ベクトルである$\boldsymbol{A}'(t)$となります。

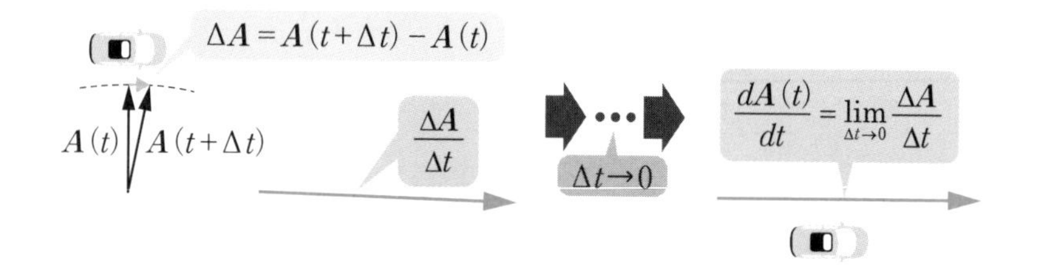

$\boldsymbol{A}(t)$のように位置変化する車の速度ベクトルが$\boldsymbol{A}'(t)$で表されます。

スカラーの関数だと、距離（スカラー）を微分すると速さ（スカラー）が現れます。それと同様にベクトル関数である位置（ベクトル）を微分すると、速度（ベクトル）が現れるわけです。

ベクトルの勾配・発散・回転

ベクトルの勾配・発散・回転はベクトル解析の中心とも置ける内容です。混乱しやすい部分もありますが、まずおさえるべきことはそれぞれの演算が何を何に変換するかです。

勾配はスカラー関数をベクトル関数に変換し、発散はベクトル関数をスカラー関数に変換します。そして回転はベクトル関数をベクトル関数に変換します。

ベクトル関数$\boldsymbol{F}=(f_x(x, y, z), f_y(x, y, z), f_z(x, y, z))$、スカラー関数$g(x, y, z)$が与えられたときに勾配(grad)、発散(div)、回転(rot)は下のように定義されます。

勾配、発散、回転

勾配(gradient、スカラーをベクトルに変換)

$$\mathrm{grad}\, g(x, y, z)$$
$$=\left(\frac{\partial}{\partial x}g(x, y, z), \frac{\partial}{\partial y}g(x, y, z), \frac{\partial}{\partial z}g(x, y, z)\right)$$

発散(divergence、ベクトルをスカラーに変換)

$$\mathrm{div}\boldsymbol{F}=\frac{\partial f_x}{\partial x}+\frac{\partial f_y}{\partial y}+\frac{\partial f_z}{\partial z}$$

回転(rotation、ベクトルをベクトルに変換)

$$\mathrm{rot}\boldsymbol{F}=\left(\frac{\partial f_z}{\partial y}-\frac{\partial f_y}{\partial z}, \frac{\partial f_x}{\partial z}-\frac{\partial f_z}{\partial x}, \frac{\partial f_y}{\partial x}-\frac{\partial f_x}{\partial y}\right)$$

勾配・発散・回転はgrad、div、rotという演算で定義されますが、∇という演算子を使うと理解しやすいです。便宜的に下のベクトルのような演算子を考えると勾配、発散、回転はこのベクトルの内積や外積の形で表されます。

$$\text{ナブラ}:\nabla\equiv\left(\frac{\partial}{\partial x},\frac{\partial}{\partial y},\frac{\partial}{\partial z}\right)$$

以上を下表にまとめました。

名前	勾配	発散	回転
表記方法	$\mathrm{grad}\,g(x, y, z)$	$\mathrm{div}\,\boldsymbol{F}(x, y, z)$	$\mathrm{rot}\,\boldsymbol{F}(x, y, z)$
ナブラ表記	$\nabla g(x, y, z)$	$\nabla\cdot\boldsymbol{F}(x, y, z)$	$\nabla\times\boldsymbol{F}(x, y, z)$
変換	スカラー→ベクトル	ベクトル→スカラー	ベクトル→ベクトル

以下に、具体的に勾配や発散、回転を計算した例を示します。

例 $g(x, y, z)=xy^2z^3$ $\boldsymbol{F}=(xy^2z^3, x^2y^3z, x^3yz^2)$のとき

$\mathrm{grad}\,g(x, y, z)=(y^2z^3, 2xyz^3, 3xy^2z^2)$

$\mathrm{div}\boldsymbol{F}=y^2z^3+3x^2y^2z+2x^3yz$

$\mathrm{rot}\boldsymbol{F}=(x^3z^2-x^2y^3, 3xy^2z^2-3x^2yz^2, 2xy^3z-2xyz^3)$

これからベクトル解析で重要な勾配・発散・回転について、どんなイメージで理解すれば良いか説明します。

勾配は地形の等高線をイメージするとわかりやすいと思います。

地図には下のような等高線が書かれています。これは線が密集しているところは急勾配で、線の間隔が疎のところは勾配が緩やかなことを意味しています。

$\mathrm{P}(x,\ y)$ における標高の関数　$z=f(x,\ y)$

等高線　　z 軸（高さ）を入れた図

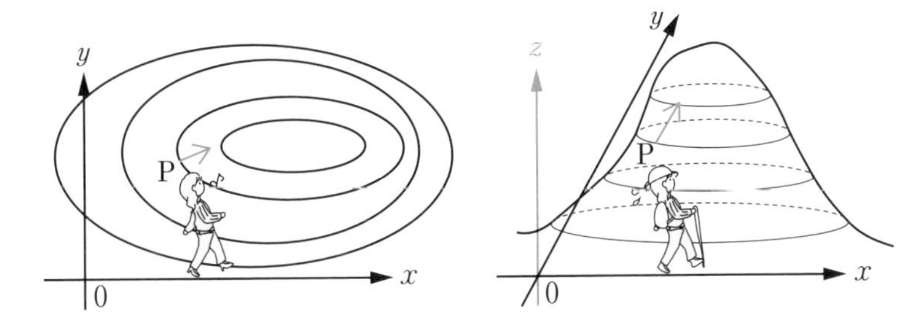

点 P におけるベクトル場 $\mathrm{grad}\,f(x, y)$ は一番勾配（上りの傾き）が大きい方向を向く

この時に $(x,\ y)$ における標高の関数（スカラー関数）$f(x,\ y)$ の勾配である $\mathrm{grad}\,f(x,\ y)$（ベクトル関数）は何を意味するでしょうか？

ベクトル関数 $\mathrm{grad}\,f(x,\ y)$ は $(x,\ y)$ 地点において、向きは勾配が最大になる方向、大きさは傾斜の大きさを表します。すなわち標高に例えると、方向は一番高低差が急な方向、大きさは傾斜の傾きを表しています。

発散は流入や流出のある水流をイメージするとわかりやすいでしょう。

図には水槽の水流が表されており、A 点では水が湧き出ています。一方、B 点では水を吸い込んでいます。C 点はどちらでもなく、流入してくる水はそのまま流れ出します。

この時、水槽には水流が生じています。水槽の $(x,\ y)$ 地点における、水流の方向と大きさを表すのがベクトル関数 $\boldsymbol{A}(x,\ y)$ となります。

水流のベクトル関数　$\boldsymbol{A}(x,\ y)$

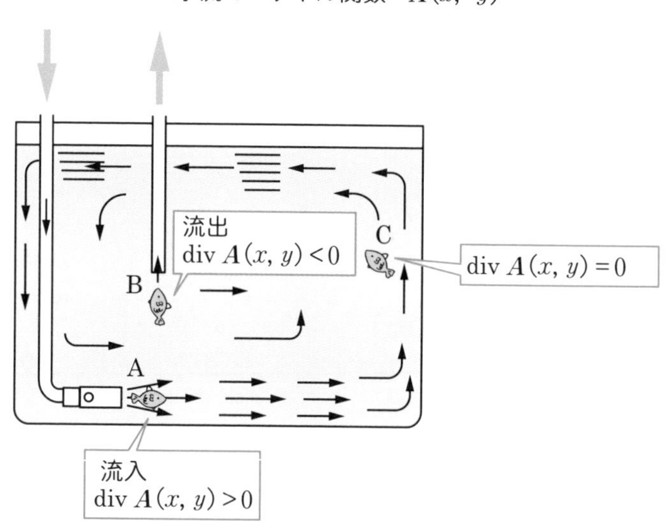

この時、スカラー関数 div $\boldsymbol{A}(x,\ y)$ は水の湧き出しや吸い込みの量を示します。湧き出しの時は正、吸い込みの時は負となります。

A 点では水を放出するので正の値となり、B 点では水を吸い取るので負の値となります。A 点と B 点以外、例えば C 地点では流れはありますが、水は増えも減りもしないので、流入量と流出量は必ずつり合います。すなわち値はゼロとなるわけです。

最後の回転はやや理解が難しい概念です。それでも水流と水車を使えばイメージができると思います。

流れのあるプールにおける水流のベクトルを考えてみましょう。水の流れのベクトルを $\boldsymbol{A}(x,\ y)$ とおきます。

回転を考える時には点 $(x,\ y)$ に置かれた水車を回転させる力として定義されます。今までより少しわかりにくいですね……。

例を出してみましょう。まずどの地点でも水が同じ方向に、同じ水流で流れている状況を考えてみましょう。つまり $\boldsymbol{A}(x,\ y)=(10,\ 0)$ とどの場所でも x 方向に一定の流れがある場合です。

この時、水車は全く回転しません。なぜならば、この水車は時計回り方向からも反時計回り方向からも全く同じ回転力を受けるからです。回転力がつりあって、水車は回りません。

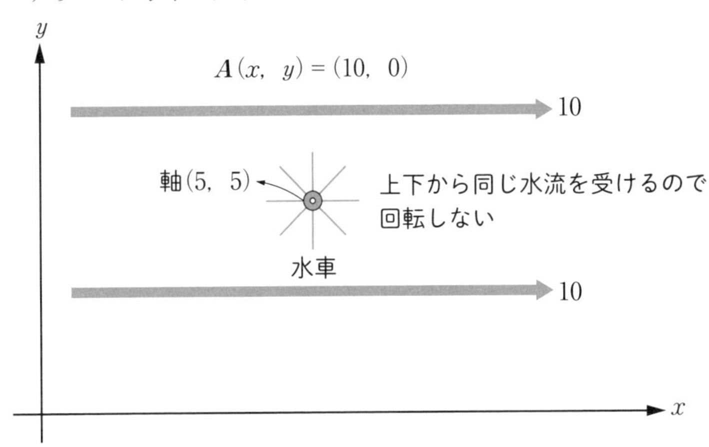

一方、次は x 軸方向に流れの差がある場合を考えてみましょう。すなわち、$\boldsymbol{A}(x,\ y)=(10+y,\ 0)$ と y 座標が大きくなるほど水流が大きくなる場合です。

この時に、水車から見ると上側の水流が、下側の水流より大きいことになります。すると、水車は時計回りの方向に回転させる力を受けることになります。

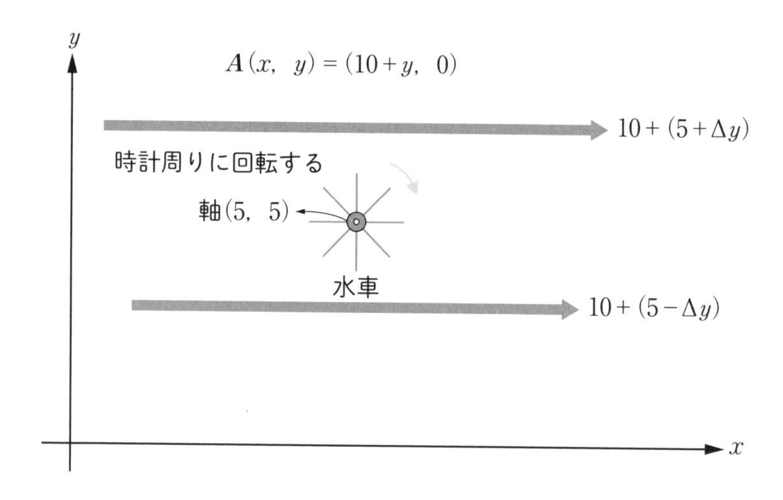

ここで、回転のベクトルの大きさは水車を回転させる力、向きは回転する水車に対して垂直な方向になります。xy 平面に対して垂直な方向ですから、実は２次元では定義できません。

上の例だと、$\boldsymbol{A}(x,\ y,\ z)=(10+y,\ 0,\ 0)$ のようにベクトル関数を３次元に拡張すると向きを考えることができて、それは z 軸方向となります。

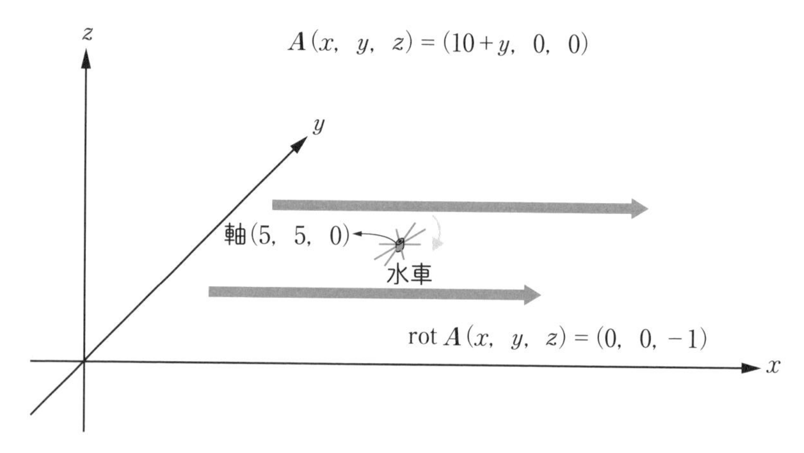

回転のベクトルの向きは、回転方向が反時計回りだと向きはz軸の正の方向、時計周りだとz軸の負の方向となります。この例では時計周りに回転するので、rot $\boldsymbol{A}$ はz軸の負の向きとなります。

水車の回転に対して、右ねじが進む方向と理解しても良いでしょう。

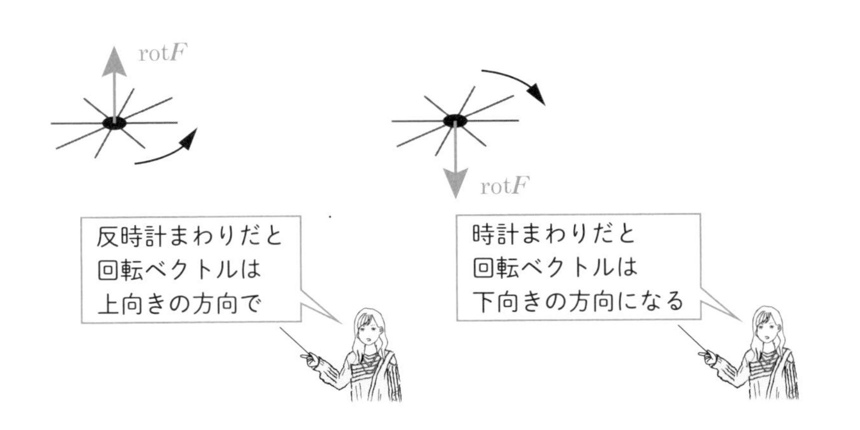

最後に勾配・発散・回転の３次元における式をもう一度示しておきます。式を覚えて計算できるようになることはもちろんですが、ここで説明したイメージも持つようにして下さい。

勾配（gradient、スカラーをベクトルに変換）

$$\mathrm{grad}\, g(x,\ y,\ z) = \left(\frac{\partial}{\partial x} g(x,\ y,\ z), \frac{\partial}{\partial y} g(x,\ y,\ z), \frac{\partial}{\partial z} g(x,\ y,\ z)\right)$$

発散（divergence、ベクトルをスカラーに変換）

$$\mathrm{div}\boldsymbol{F} = \frac{\partial f_x}{\partial x} + \frac{\partial f_y}{\partial y} + \frac{\partial f_z}{\partial z}$$

回転（rotation、ベクトルをベクトルに変換）

$$\mathrm{rot}\boldsymbol{F} = \left(\frac{\partial f_z}{\partial y} - \frac{\partial f_y}{\partial z}, \frac{\partial f_x}{\partial z} - \frac{\partial f_z}{\partial x}, \frac{\partial f_y}{\partial x} - \frac{\partial f_x}{\partial y}\right)$$

実は実関数の積分で活躍する（複素関数論）

複素関数を始めて習った時には、その煩雑さに驚くかもしれません。値が実部と虚部の２つになるので、扱いはややこしくなります。高校数学では複素数に拡張するのは加減乗除だけですが、それを指数関数や三角関数、対数関数に広げると、どんどん煩雑になっていきます。何でこんなややこしいことを考えるのかと思うかもしれません。

しかし、そのややこしさを超えて、複素数はとても便利なものです。大学で研究を行う時、そして仕事をする時にも大いに力となってくれると思います。

本書では、応用先の１つとしてフーリエ変換についても解説します。

複素数は便利なものだ、という認識を持ってもらえると嬉しいです。

複素数に拡張された関数の世界

複素関数を学ぶにあたり、最初に学ぶべきことは２つだと考えています。

１つは複素関数を「変換」と考えること、もう１つはオイラーの公式から全てが始まるということです。

まず、複素関数を変換と考えることについて説明します。

第２章で関数とは、ある数字を入れるとある数字が出てくる箱のようなものと説明しました。すると、複素関数はある複素数を入れるとある複素数が出てくる箱のようなものと類推するかもしれません。

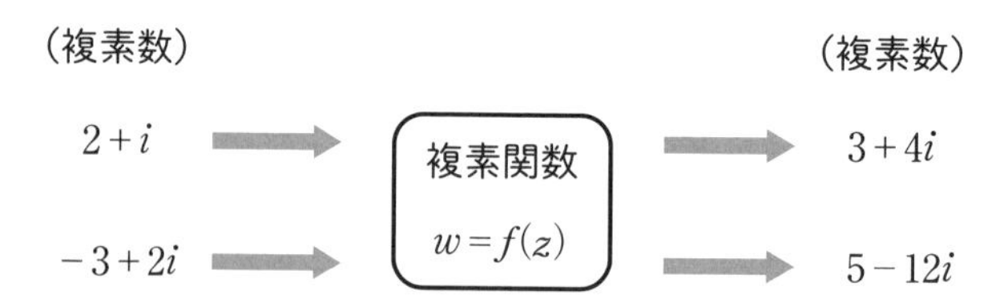

しかしそれよりも、下図のように複素数を平面の座標のように理解して、複素関数はある（実部，虚部）の組をある（実部，虚部）の組に変換する、つまり2つの数字を入れると、他の2つの数字がアウトプットされるという変換と捉える方がその後の学習が進みやすくなります。

（実部，虚部） → 複素関数 $w=f(z)$ → （実部，虚部）

（実部，虚部）		複素関数		（実部，虚部）
2，1	→	複素関数 $w=f(z)$	→	3，4
−3，2	→		→	5，−12

複素関数 $w=f(z)$ は z 平面上の点 $(x,\ y)$ から w 平面 $(u,\ v)$ の変換と考えるわけです。すると、複素関数は平面から平面の変換とみなせます。

さらに複素数は、高校の複素数平面でも習うように、絶対値と偏角という2つの数字の組の変換とも考えることができます。

すると、複素関数 $w=f(z)$ は下図のような変換とみなせます。

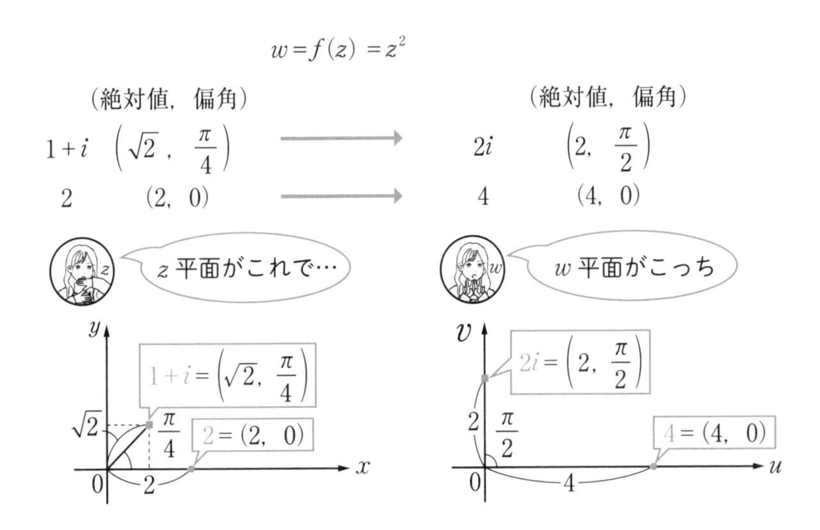

次にオイラーの公式を紹介します。この式は指数関数と三角関数を結び付けるもので、複素関数の原点となります。

●オイラーの公式

$$e^{i\theta}=\cos\theta+i\sin\theta$$

ここで実数x, yにおいて成り立つ指数法則$e^{x+y}=e^x e^y$が複素数z, ωでも成り立つとすると、複素数$z=x+iy$（x, yは実数）の指数関数e^zは、

$e^z=e^{x+iy}=e^x(\cos y+i\sin y)$と表されます。

これは80ページにおける極形式の定義$z=r(\cos\theta+i\sin\theta)$において$r=e^x$、$\theta=y$としたものと一致していることに注目して下さい。

また、三角関数はオイラーの公式より、次のように表されます。このθは実数ですが、これを複素数に置き換えて三角関数を定義します。

$$\begin{cases} e^{i\theta}=\cos\theta+i\sin\theta \\ e^{i(-\theta)}=\cos(-\theta)+i\sin(-\theta) \end{cases} \Leftrightarrow \quad e^{-i\theta}=\cos\theta-i\sin\theta$$

$$\cos\theta=\frac{e^{i\theta}+e^{-i\theta}}{2},\quad \sin\theta=\frac{e^{i\theta}-e^{-i\theta}}{2i},\quad \tan\theta=\frac{\sin\theta}{\cos\theta}=\frac{e^{i\theta}-e^{-i\theta}}{i\left(e^{i\theta}+e^{-i\theta}\right)}$$

●複素数zに拡張した三角関数

$$\cos z=\frac{e^{iz}+e^{-iz}}{2}\quad \sin z=\frac{e^{iz}-e^{-iz}}{2i}\quad \tan z=\frac{e^{iz}-e^{-iz}}{i\left(e^{iz}+e^{-iz}\right)}$$

また、複素数の対数関数は指数関数の逆関数として定義されます。

●複素数zに拡張した指数関数、対数関数

実関数　：$x=e^y \Leftrightarrow y=\ln x\ (x>0)$

複素関数：$z=e^w \Leftrightarrow w=\ln z\ (z\neq 0)$

三角関数も対数関数も z が実数の時は、今までの実数の定義と矛盾しません。これは三角関数を $0 \sim \frac{\pi}{2}$ の角度（$0^\circ \sim 90^\circ$）から全ての実数に拡張した時の話と同じです。今までの定義と矛盾しないことが大事になるわけです。

ただ、複素数の対数関数を考える時に厄介な問題が生じます。

三角関数は周期 2π の周期関数なので、対数関数は1つの入力に対して複数のアウトプットを出力することになります。

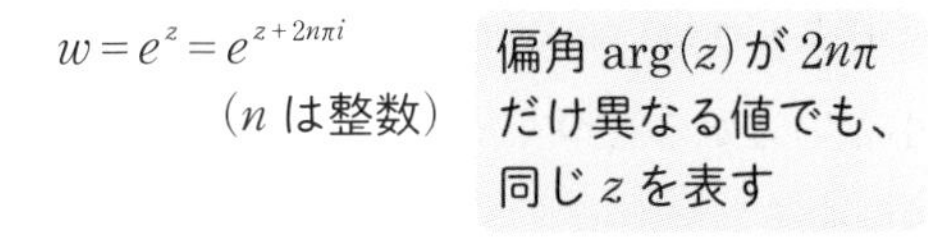

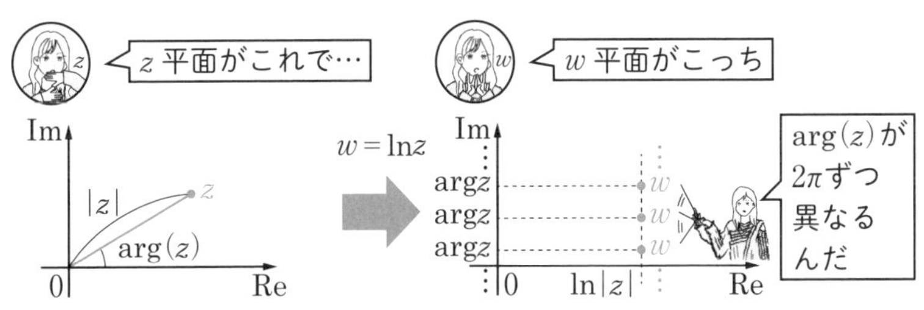

関数はただ1つの数字に対応させるものですので、厳密にはこの関数はその要件を満たしません。ですので、ここでは多価関数として関数に準じたものとして扱うことになります。

また、主値という概念も登場します。多価関数ではあまりに扱いづらいので、偏角をある一定の中に定めることで、（$-\pi \sim \pi$ や $0 \sim 2\pi$ など）1対1の関係を維持しようとしたものです。

このあたりの扱いは非常に煩雑ですが、数学を利用するという目的からは優先順位が低いので、最初は深く入らなくても良いと思います。

複素関数の微分とは

次に複素数の微分について説明します。複素数の微分は実数の時と全く同じ定義で表されます。

$$f'(z_0)=\lim_{\Delta z\to 0}\frac{f(z_0+\Delta z)-f(z_0)}{\Delta z}$$

ただし、気をつけなければいけないことは、複素関数ではz_0に近づく経路が無数に存在することです。

実関数では図に示すように、あるx_0に対して、大きい方から近づく極限（右側極限）と小さい方から近づく極限（左側極限）が一致する必要がありました。

●実関数

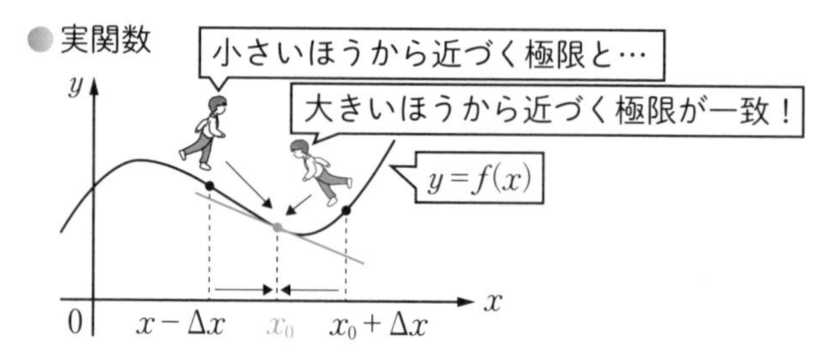

これに対して、複素数ではz_0が（複素）平面上にあるので、z_0に近づくのにさまざまな経路が存在することになります。

●複素関数

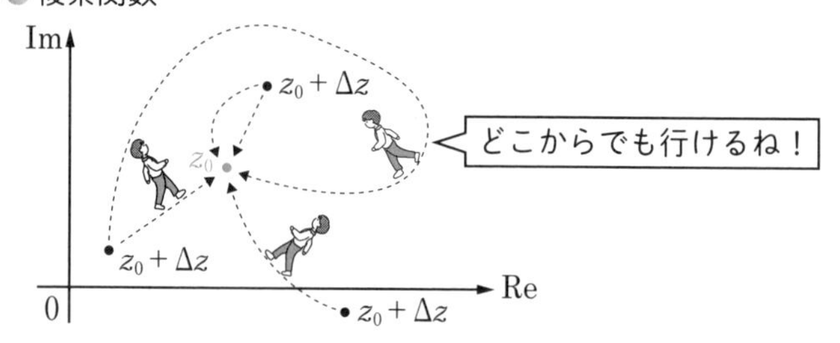

この経路による差を調べるのは難しそうです。しかし、それを簡単にしてくれるのがコーシー・リーマンの関係式です。

複素関数を $w=f(z)$ を $z=x+iy$ から $w=u+iv$ への変換と考えると、u、v は x、y の関数とみなすことができ、$u(x,\ y)$、$v(x,\ y)$ とおけます。

この時、下のコーシー・リーマンの関係を満たせば、微分係数の定義の極限式はどの経路をとっても同じ複素数に収束することが保証されます。

コーシー・リーマンの関係式

$$\frac{\partial u}{\partial x}=\frac{\partial v}{\partial y} \qquad \frac{\partial u}{\partial y}=-\frac{\partial v}{\partial x}$$

つまりこの関係式を満たせば、与えられた複素関数 $f(z)$ が z_0 において微分可能となるわけです。また、ある領域で微分可能な複素関数のことを**正則関数**と呼びます。

次に複素関数における、微分係数の意味について説明しましょう。実数関数では微分係数は下に示すように「**傾き**」という意味がありました。

それでは複素関数の微分係数はどんな意味があるのでしょうか？

ここでも複素関数を $w=f(z)$ を $z=x+iy$ から $w=u+iv$ への変換とみなします。xy 平面上の z_0 を uv 平面上の $f(z_0)$ に変換するという意味です。

この時に z の微小変化 Δz を考えてみます。この Δz を極形式で表して、大きさが Δr、偏角が θ とします。つまり $\Delta z=\Delta re^{i\theta}$ となります。

そして、このΔzの変化によって、$f(z)$の関数値wがどう変化するのか見てみましょう。ここで、$f(z)$のz_0における微分係数を、$f'(z_0)=Re^{i\phi}$（絶対値R、偏角ϕ）とします。これを用いて、Δzによるwの微小変化Δwは$\Delta w \fallingdotseq f'(z_0)\,\Delta z=(R\Delta r)\,e^{i(\theta+\phi)}$と表されます。これを下図で表現しました。

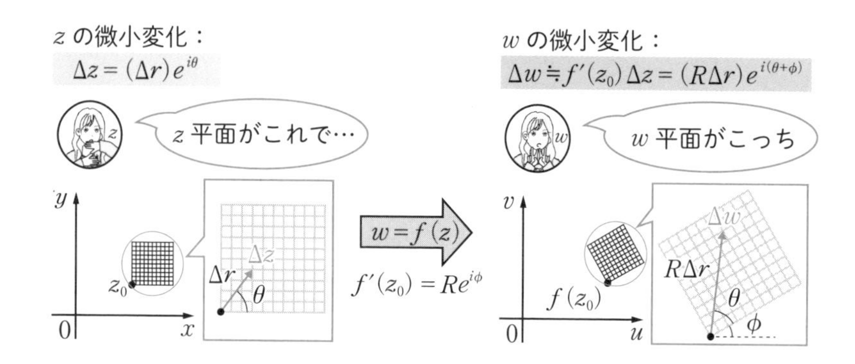

つまり、z_0における微分係数が絶対値Rと偏角ϕの複素数とすると、xy平面での微小変化Δzは、uv平面において、Δzの絶対値がR倍、偏角をϕだけ回転させた変化に対応します。

絶対値が微分係数倍になるのは、実数での微分係数からも簡単に類推できるでしょう。複素関数においては、それに偏角の回転も加わるわけです。

複素関数の積分は留数定理がゴール

次に複素数の積分について説明します。複素関数の積分は留数定理の応用が最も重要です。特に初学者が勉強する時には、「どのように留数定理に向かうのか？」という視点で学ぶと、理解が早いと思います。

その流れをこれから紹介しましょう。

複素数の積分ですが、まず複素数z_0からz_1まで積分することを考えてみましょう。実際の積分を単純に複素数へ拡張すると次のような式になり、これが複素積分の定義となります。この時、複素数は平面なので、次のように z_0 から z_1 に無数の経路が存在することがわかると思います。

$$\int_C f(z)dz = \lim_{n\to\infty}\sum_{k=0}^{n-1} f(z_k)\Delta z_k$$

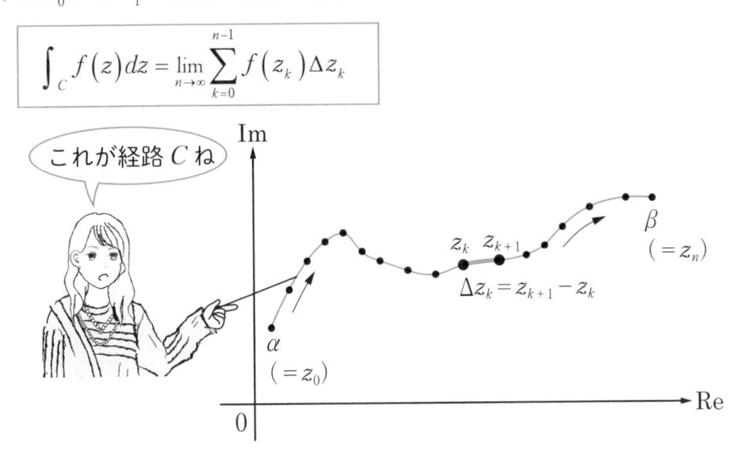

話がややこしくなりそうですが、実は多くの場合はそれほど難しくはありません。コーシーの積分定理により、積分値は経路によらないことがわかるからです。

コーシーの積分定理を説明する前に、まず積分する曲線について考えてみましょう。複素数関数の積分では、多く議論になるのは単純閉曲線での積分です。

単純閉曲線とは下図のように、終点と始点が一致していて、自分自身と交わらない曲線です。

また、これから単純閉曲線に沿った積分を議論しますが、この時反時計回りを正とします。

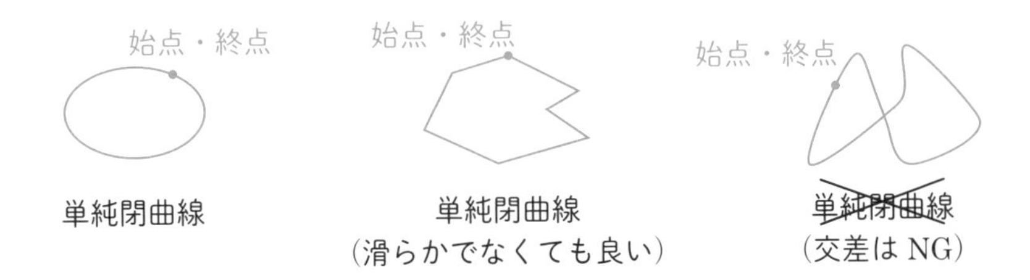

コーシーの積分定理とは正則、つまり微分可能な領域内であれば、どんな単純閉曲線上を積分しても、積分値は0になるというものです。

コーシーの積分定理

領域D内の全ての点で$f(z)$が正則、つまり微分可能である場合、D内で考えられる全ての単純閉曲線Cに対し次の式が成り立つ。

$$\oint_C f(z)dz = 0$$

このような閉じた経路に沿った積分を$\oint$で表す。

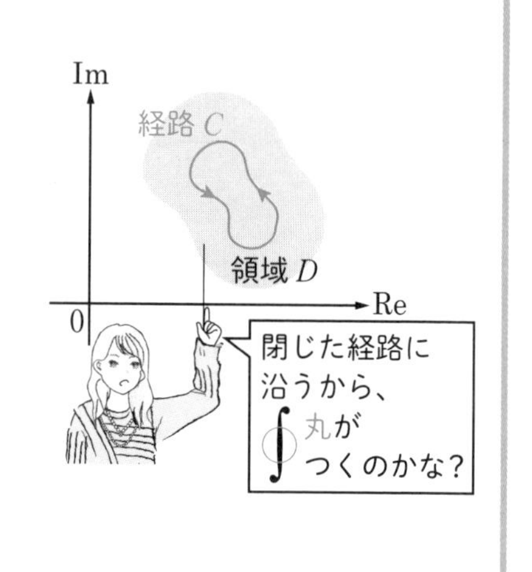

これを使うと、経路Cが存在する領域が正則（微分可能）であれば、その経路上の点A、Bを結ぶ積分は経路に依らないことがわかります。

この時、次のようにAからAに戻る経路で積分値が0となります。だから、BからAの経路の積分経路を、（正則な領域内で）どんなに変えても、同じ値（AからBの積分の符号を逆にしたもの）になるのです。

だから、例えば$f(z)=z^2$といった、すべてのzで正則な関数の積分値は経路によらず、始点と終点だけで決まります。

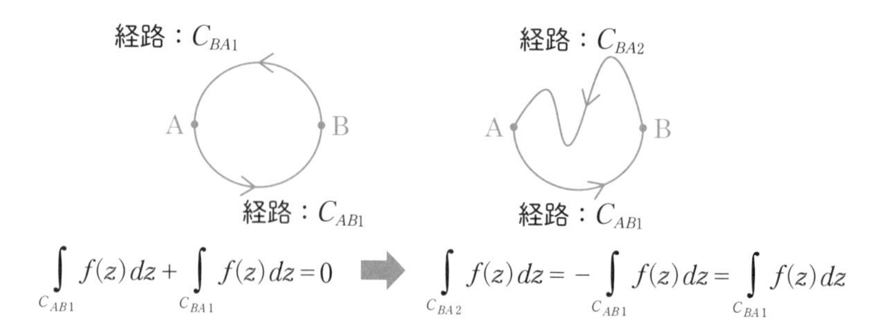

ただ、複素関数の積分では、議論になるのは単純閉曲線の周回積分がほとんどですので、始点と終点が異なる積分はとりあえず忘れて下さい。

そして、コーシーの積分定理がこれ以降の議論の基本となります。ただ、この定理から一体何が言えるのか、疑問に思うかもしれません。

実は重要なのはコーシーの積分定理が成り立たない時です。コーシーの積分定理はその閉曲線内の平面が正則であることを求めます。しかし、閉曲線内に正則でない点があればこの定理は成り立たないのです。

ここでいう「正則でない点」は分数関数の分母を0とする時です。閉曲線内に分母が0となる点があればコーシーの定理は成り立ちません。

簡単な例を考えてみましょう。次の関数で$z=1+i$の時、分母は0となりますから、この点では微分不可能、つまり正則ではありません。この点を特異点と呼びます。

コーシーの積分定理は閉曲線の内部が全て正則であることを要求します。ですから、内部に特異点を含む場合は積分値は、0となるとは限りません。ただ、この点を内部に含まない経路では積分値は0となります。

$$f(z)=\frac{1}{z-(1+i)}$$

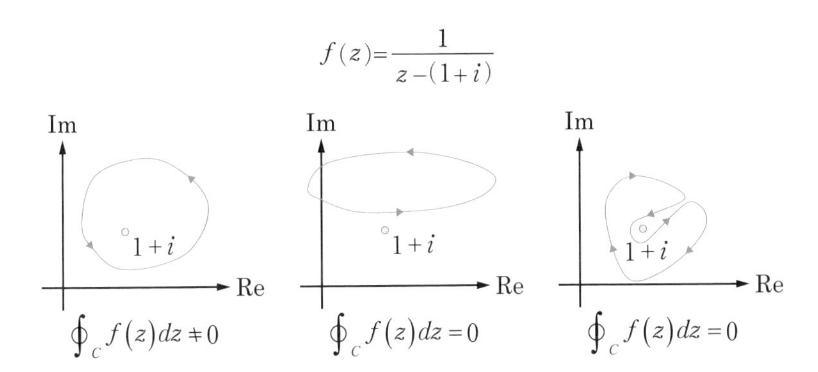

特異点を内部に含む場合の積分値で特に重要なものが、下に示す$(z-z_0)^m$の積分です。これによると、$(z-z_0)^m$でmが-1以下の整数、言い換え

ると $\dfrac{1}{(z-z_0)^n}$ で n が自然数の時に、z_0 は特異点となりますが、$n=1$ の時以外は周回積分の値は0となります。

点 z_0 を囲む単純閉曲線を C とすると

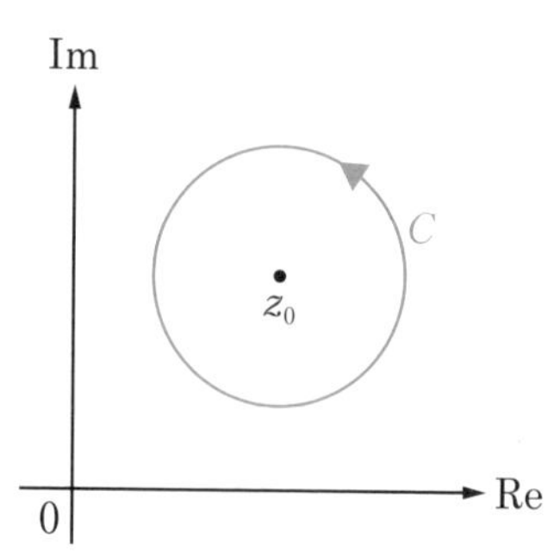

$$\oint_C (z-z_0)^m dz = \begin{cases} 2\pi i & (m=-1) \\ 0 & (m \neq -1) \end{cases}$$

例 $\oint_C (z-z_0)^3 dz = 0$　$\oint_C \dfrac{1}{(z-z_0)} dz = 2\pi i$　$\oint_C \dfrac{1}{(z-z_0)^2} dz = 0$

そして次数が−1の時は、積分値は $2\pi i$ となります。この性質がローラン展開へとつながっていきます。

ある複素関数を下記のように展開できたとします。すると、この特異点 β の周りで周回積分する時、次数が−1すなわち $\dfrac{a_{-1}}{z-\beta}$ の項のみが残って、他の項は0になります。これがローラン展開を考える背景となります。

$$f(z) = \cdots + \frac{a_{-2}}{(z-\beta)^2} + \frac{a_{-1}}{z-\beta} + a_0 + a_1(z-\beta) + a_2(z-\beta)^2 + \cdots$$

それでは、改めてローラン展開について説明しましょう。実数関数と同様に複素関数でもテイラー展開は、下のように表されます。

●正則関数 $f(z)$ の、$z=\alpha$ のまわりのテイラー展開

$$f(z) = f(\alpha) + f'(\alpha)(z-\alpha) + \frac{f''(\alpha)}{2!}(z-\alpha)^2 + \frac{f'''(\alpha)}{3!}(z-\alpha)^3 + \cdots$$

※点 α は、$f(z)$ が正則である領域の点

これに対して、ローラン展開とは特異点、すなわち関数の分母が0となる点で展開すること、とまずは考えて下さい。

● $f(z)$ の特異点 $z=\beta$ のまわりのローラン展開

$$f(z)=\cdots+\frac{a_{-2}}{(z-\beta)^2}+\frac{a_{-1}}{z-\beta}+a_0+a_1(z-\beta)+a_2(z-\beta)^2+\cdots$$

※ローラン展開は、特異点 β のまわりで、$z-\beta$ の正負のべきで展開した式

※ $a_k\,(k=\cdots,\ -2,\ -1,\ 0,\ 1,\ 2,\ \cdots)$ は定数

「そんなことできるの？」と思うかもしれませんが、やることはそれほど難しくありません。下の例のように、分母を払った関数をテイラー展開して、あとで割ってやるだけです。

例 $f(z)=\dfrac{e^z}{z-i}$ のローラン展開

特異点は $z=i$ です。まず、e^z を $z=i$ のまわりでテイラー展開すると

$$e^z=e^i+e^i(z-i)+\frac{e^i}{2!}(z-i)^2+\frac{e^i}{3!}(z-i)^3+\cdots$$

この展開を $z-i$ で割ると、ローラン展開が得られます。

$$f(z)=\frac{e^z}{z-i}=\frac{e^i}{z-i}\left\{1+(z-i)+\frac{1}{2!}(z-i)^2+\frac{1}{3!}(z-i)^3+\cdots\right\}$$

$$=e^i\left\{\frac{1}{z-i}+1+\frac{1}{2!}(z-i)+\frac{1}{3!}(z-i)^2+\cdots\right\}$$

$f(z)$ の特異点 $z=i$ のまわりのローラン展開

被積分関数がこのように展開できると、周回積分した時に次数が-1の項だけが残ることになります。だから次数が-1の係数がわかれば積分値

が求められます。その係数に $2\pi i$ をかけた値が積分値となるわけです。

だからローラン展開した時の -1 次の項 $\dfrac{a_{-1}}{z-\beta}$ の係数 a_{-1} は特別な意味を持ってきます。これを留数と呼びます。なぜ留数、すなわち「留まる数」と呼ぶかというと、周回積分するとほとんどの項は0になってしまうのに、-1 次の項だけ留まるからです。

複素関数 $f(z)$ の留数（ローラン展開した時の -1 次の係数）は下のように表現します。

●留数

$f(z)$ の特異点 $z=\beta$ における留数：

$$\mathrm{Res}\,(f(z),\ \beta)$$

対象の関数　対象の特異点

留数はローラン展開をして求めます。下に例を示します。

例　$f(z)=\dfrac{1}{z^2+1}$ の特異点 i における留数 $\mathrm{Res}\left(\dfrac{1}{z^2+1},\ i\right)$

$f(z)$ のローラン展開は下のようになる。

$$f(z)=\frac{1}{z-i}\left\{\frac{1}{2i}-\frac{(z-i)}{(2i)^2}+\frac{(z-i)^2}{(2i)^3}-\frac{(z-i)^3}{(2i)^4}+\cdots\right\}$$

よって $(z-i)^{-1}$ の係数は $\dfrac{1}{2i}$

よって $\mathrm{Res}\left(\dfrac{1}{z^2+1},\ i\right)=\dfrac{1}{2i}$

ちなみに留数に関しては「第 n 位の極」（例えばローラン展開した時の最低次数が $(z-\beta)$ の -2 乗、つまり $\dfrac{1}{(z-\beta)^2}$ の項であれば第2位の極）など、留数の求め方が難しくなるものもあります。

しかし、初学者はそんな難しい留数の求め方は飛ばして、いったん留数定理まで進みましょう。そして留数定理を理解した後に、難しいケースにおける留数の求め方を学んだ方が良いと思われます。

この留数を利用した周回積分の算出方法が**留数定理**です。

積分経路内に複数の特異点があることも考慮して、留数定理は下のようになっています。

留数定理

単純閉曲線Cの内部に、関数$f(z)$がn個の**特異点**z_1, z_2, $\cdots$, z_nをもつ場合、Cに沿った$f(z)$の**1周積分**は、各特異点における留数の総和と$2\pi i$との積に等しい。

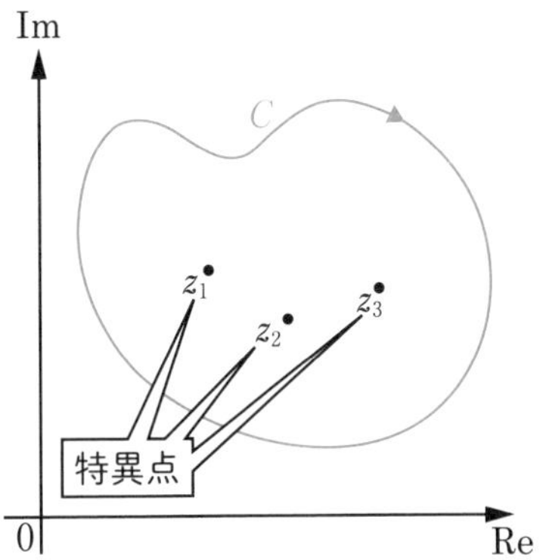

Im
C
z_1
z_2
z_3
特異点
0
Re

$$\oint_C f(z)dz = 2\pi i \sum_{k=1}^{n} \mathrm{Res}\left(f(z),\ z_k\right)$$

つまり、上のような周回積分をする時に、内部の特異点が3つ(z_1, z_2, z_3)あり、それぞれの留数(複素関数をそれぞれの特異点でローラン展開した時の-1次の係数)がa、b、cとすると積分値は$2\pi i(a+b+c)$となるわけです。

ちなみに、「こんな複素関数の積分が何の役に立つの？」というそもそもの疑問を持つ方もいるかもしれません。実は、留数定理は実数の積分にて効果を発揮します。

例えば、下のような関数を積分することを考えてみましょう。この積分は留数定理を使うと、楽に積分することができます。

例 実数領域による右の積分を求める。$\int_{-\infty}^{\infty} \frac{1}{x^2+1} dx$

複素関数$f(z)=\frac{1}{z^2+1}$を考える。そして、この関数の左下の経路 C による積分を計算する。C は半円 C_R と線分 I_R に分けられる。

経路 C

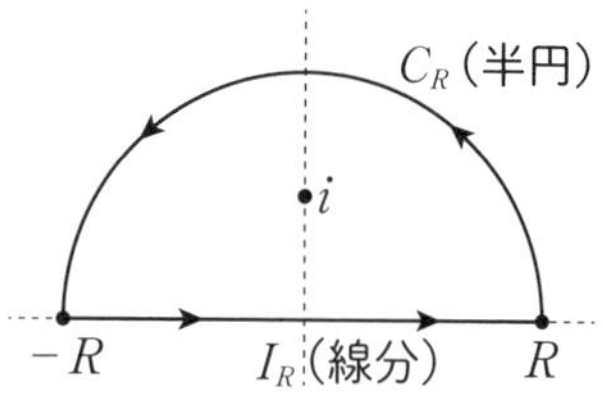

C_R（半円）

i

$-R$　I_R（線分）　R

$$\int_C f(z)dz=\int_{C_R} f(z)dz+\int_{I_R} f(z)dz$$

経路 C の積分は下のように留数定理から求められる。

$$\int_C f(z)dz = 2\pi i \mathrm{Res}\left(f(z),\ i\right)$$

$$= 2\pi i \cdot \frac{1}{2i}$$

$$= \pi$$

先ほどの例題で$\mathrm{Res}\left(\frac{1}{z^2+1},\ i\right)=\frac{1}{2i}$を求めたものを使った。

ここで $R\to\infty$ の極限において、円弧に関しての積分$\int_{C_R} f(z)dz$の値を評価する。

円弧 dz による積分$\int_{C_R} \frac{dz}{z^2+1}$は、$R$ が∞となるとき分母の z^2+1 は R の 2 乗で大きくなり、分子 dz は円弧なので πR で大きくなる。

だから、$\int_{C_R} f(z)dz$は $R\to\infty$ で 0 に近づく[1]。

よって、$\int_{-\infty}^{\infty} \frac{1}{x^2+1} dx=\pi$　となる。

[1] もっと厳密な計算は本節の末尾（212 ページ）に示します。

実数の積分を計算するために、わざわざ複素数で考えるのは違和感があるかもしれません。でも数直線(実数)で考えると積分が難しくても、次元を増やして平面(複素数)で考えると積分が容易になることがあるのです。

フーリエ級数とフーリエ変換

フーリエ変換は理学や工学で応用分野が広く、大学低学年ではかなり優先度が高い学習項目です。このフーリエ変換を議論する時に複素関数が登場するので、理解が難しくなっているように感じます。

ここではフーリエ級数からフーリエ変換への流れを解説して、なぜ複素関数が現れるか理解していただきたいと思います。

まずフーリエ級数ですが、この要点は「すべての波はサインとコサインの和で表される」ということです。

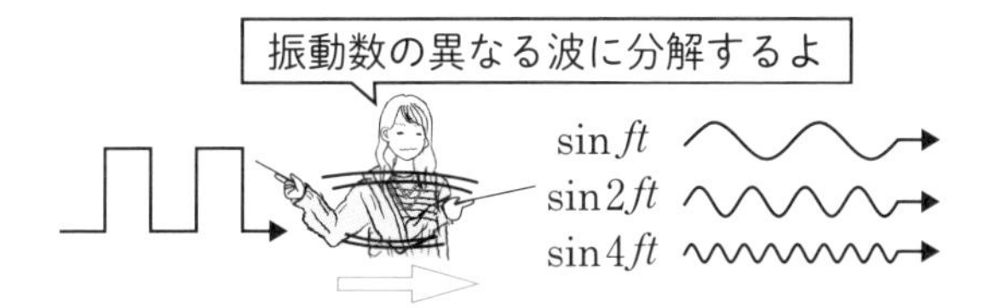

例えば、矩形波と呼ばれる波はサインやコサインの波(正弦波)の和で表されるように思えないですが、周期の違う波を足し合わせるとどんどん矩形波に近づき、無限に足し合わせると一致します。

それは数学的には次のように表され、波(周期関数)である$f(x)$は、サインとコサインで展開されるわけです。係数であるa_nやb_nは周期の積分の形で表されます。

フーリエ級数

$$f(x)=\frac{a_0}{2}+\sum_{n=1}^{\infty}\left(a_n\cos\frac{2\pi nx}{T}+b_n\sin\frac{2\pi nx}{T}\right)$$

ただし、

$$a_n=\frac{2}{T}\int_{-\frac{T}{2}}^{\frac{T}{2}}f(x)\cos\frac{2\pi nx}{T}dx \qquad b_n=\frac{2}{T}\int_{-\frac{T}{2}}^{\frac{T}{2}}f(x)\sin\frac{2\pi nx}{T}dx$$

実際に正弦波が矩形波に近づいていく様子を見てみましょう。1項までの時、2項までの時、5項までの時、25項までの時を示していますが、足し合わせる数を多くすれば、確かに矩形波に近づいていくことがわかります。

矩形波をフーリエ級数で表した例

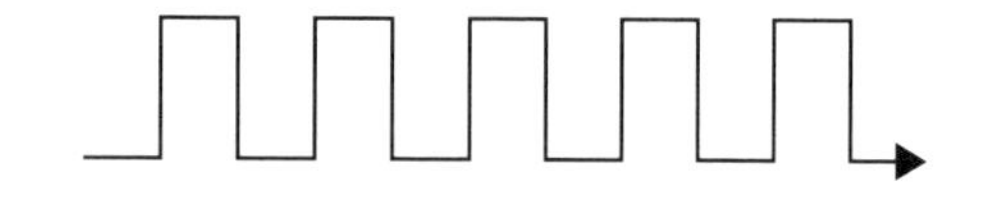

$$\frac{4}{\pi}\left(\sin x+\frac{\sin 3x}{3}+\frac{\sin 5x}{5}+\frac{\sin 7x}{7}+\cdots\cdot+\frac{\sin(2n-1)x}{2n-1}+\cdots\cdot\right)$$

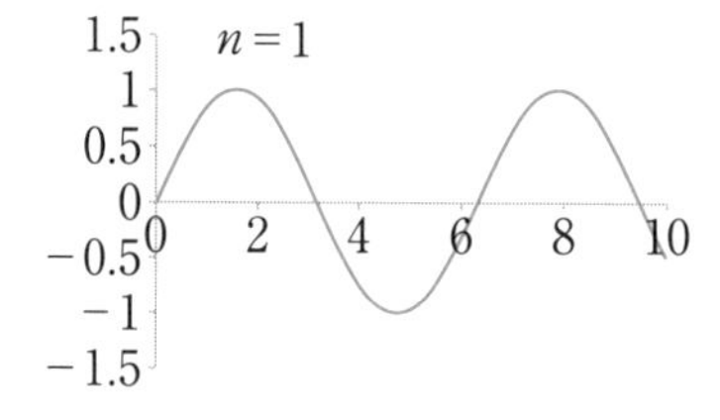

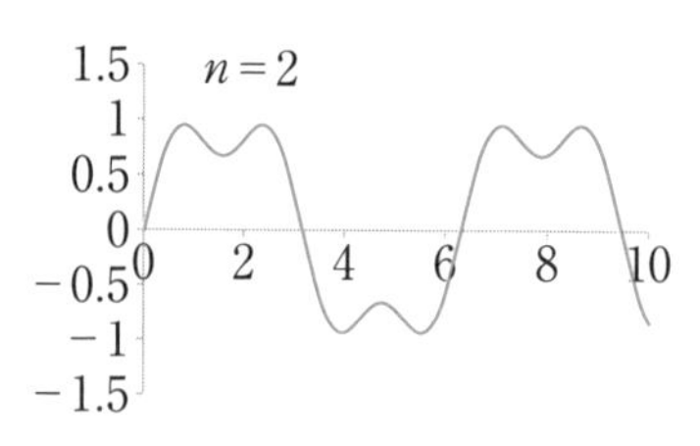

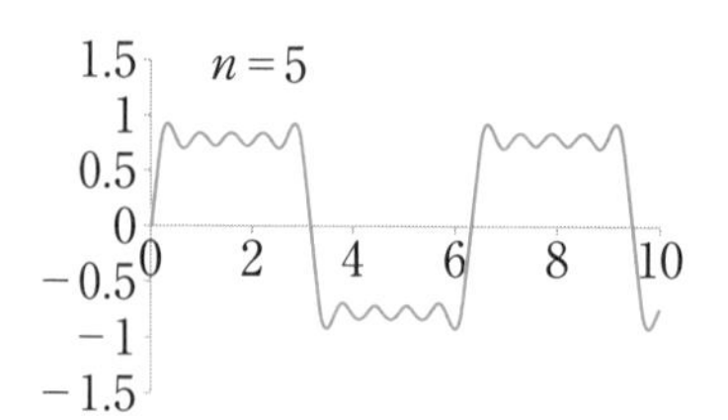

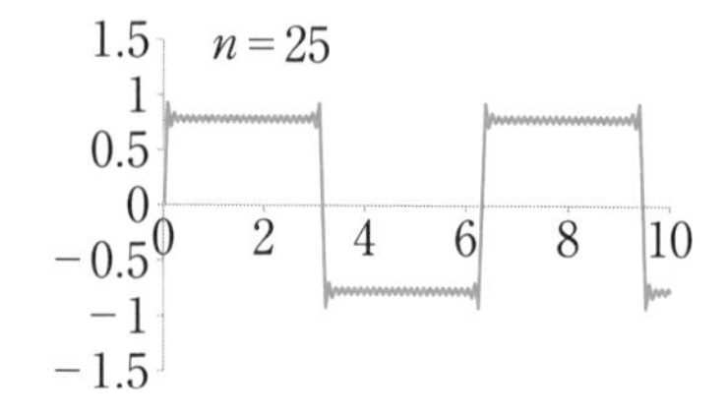

次にフーリエ級数を複素数に展開します。

フーリエ級数はサインとコサインで表しました。これをオイラーの公式から指数関数で表すと、次のようになります。

オイラーの公式

$$e^{i\theta} = \cos\theta + i\sin\theta \quad \Rightarrow \quad \begin{cases} \cos\theta = \dfrac{1}{2}\left(e^{i\theta} + e^{-i\theta}\right) \\ \sin\theta = \dfrac{1}{2i}\left(e^{i\theta} - e^{-i\theta}\right) \end{cases}$$

この $\sin\theta$ 、$\cos\theta$ を下のフーリエ級数の式に代入します。

$$f(x) = \frac{a_0}{2} + \sum_{n=1}^{\infty}\left(a_n \cos\frac{2\pi nx}{T} + b_n \sin\frac{2\pi nx}{T}\right)$$

そして式を整理して、和を取る範囲を $-\infty$ から ∞（整数）に拡張します。すると、a_n, b_n と2つの実数を表していた係数が、1つの複素数 c_n にまとめられて下のように表せます。

複素フーリエ級数

$$f(x) = \sum_{n=-\infty}^{\infty} c_n e^{ik_n x} \quad \text{ただし} \quad k_n = \frac{2\pi n}{T}$$

複素フーリエ係数 c_n 式は右で与えられる。$c_n = \dfrac{1}{T}\displaystyle\int_{-\frac{T}{2}}^{\frac{T}{2}} f(x)\, e^{-ik_n x} dx$

x は実数しかとりませんから、この複素フーリエ級数は複素数を使っていても、実数の世界で議論しています。言い換えると、シンプルにするために、実数の世界をあえて複素数を使って表現しているわけです。

そして、この複素フーリエ級数を拡張したものがフーリエ変換です。

フーリエ級数には弱点があります。それは式に周期 T を含んでいるため、周期関数にしか適用できないことです。

周期をもたない関数に対しても、フーリエ級数の考え方を使う方法がフーリエ変換です。発想としては、周期を無限大とみなします。そうすればどんな関数でも sin、cos に分解することができます。

ですから、複素フーリエ級数において T を無限大にする極限を考えてみます。

（複素）フーリエ級数

$$c_n = \frac{1}{T}\int_{-\frac{T}{2}}^{\frac{T}{2}} f(x)e^{-ik_n x}dx$$

$T \to \infty$
$c_n \to F(k)$
$k_n \to k$

フーリエ変換

$$F(k) = \int_{-\infty}^{\infty} f(x)e^{-ikx}dx$$

この時、複素フーリエ級数の式は上記のようになります。T を無限大にする中で、係数 c_n が全ての実数 k で定義された関数 $F(k)$ となります。また、離散値であった k_n が連続になり k に変わっています。

この時、$F(k)$ を逆に $f(x)$ に戻すフーリエ逆変換が下のように表せます。つまり、$f(x)$ や $F(k)$ を行ったり来たりできるわけです。

フーリエ変換とフーリエ逆変換

フーリエ変換：$F(k) = \int_{-\infty}^{\infty} f(x)e^{-ikx}dx$

フーリエ逆変換：$f(x) = \frac{1}{2\pi}\int_{-\infty}^{\infty} F(k)e^{ikx}dk$

この時に $F(k)$ は何を意味しているでしょうか？　これはフーリエ級数で正弦波の重みづけの係数となっていました。例えば、次のページの図に示す波は波数 k_1 と k_2 の2つの正弦波で合成された波を表しています。

ここで波数 k は $k = \frac{2\pi}{\lambda}$ と表される数です。また、λ は波長と呼ばれ1周期の波の長さを表します。図中の λ_1、λ_2 はそれぞれの正弦波の波長を表しています。

この時、元の波$f(x)$はk_1とk_2の波の和で表されて、その重みの係数の関数が$F(k)$になります。ですからこの場合は$F(k_1)$と$F(k_2)$のみが値を持って、他のkでは$F(k)=0$となります。

一般の関数は無限種類の波数(k)の正弦波の重ね合わせで表されて、その重みづけの係数の関数が$F(k)$と表されるわけです。

ですから、波の波形を表す関数$f(x)$から、正弦波の重みづけの関数$F(k)$を得る手段がフーリエ変換です。一方、逆フーリエ変換は重みづけの関数$F(k)$から、波の波形を表す関数$f(x)$を得る手段となります。

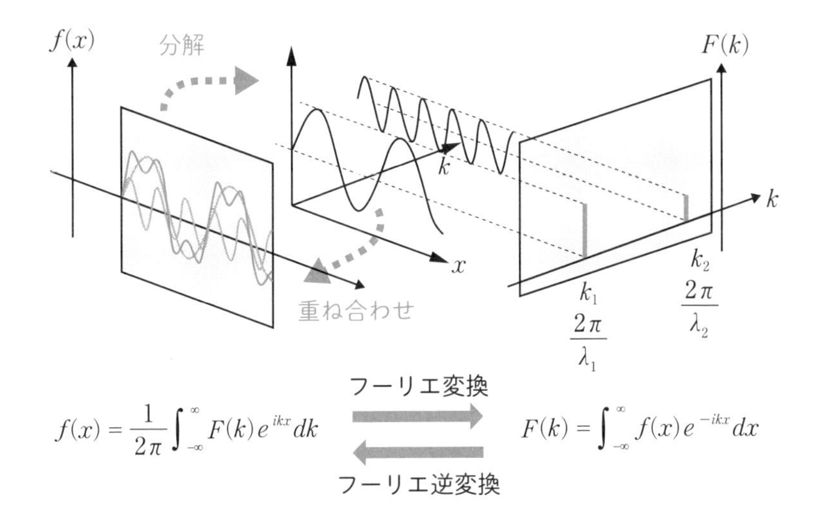

このフーリエ変換を使うと、時間軸での波形を周波数ごとに分解することもできます。例えば音波は周波数が大きいほど高い音になり、周波数が小さいほど低い音になります。つまり、ある音をフーリエ変換することにより、その音の中に高い音と低い音の成分がどのくらい含まれているのかわかるわけです。

このようにフーリエ変換はある波形を解析する時に重要な情報を与えてくれるため、理学や工学では必須の技術となっています。

【206ページ［1］の補足説明】

$\int_{C_R} f(z)dz$の積分が$R\to\infty$の極限において、0となることの厳密な計算

半円に沿った積分について、$z=Re^{i\theta}$（$0\leqq\theta\leqq\pi$）とすると

$$\int_{C_R}\frac{dz}{z^2+1}=\int_0^\pi\frac{iRe^{i\theta}d\theta}{\left(Re^{i\theta}\right)^2+1}=i\int_0^\pi\frac{Re^{i\theta}}{R^2e^{i2\theta}+1}d\theta$$

$|R^2e^{i2\theta}+1|\geqq R^2-1$（三角不等式），$|Re^{i\theta}|\leqq R$より、上の積分を評価すると

$$\left|i\int_0^\pi\frac{Re^{i\theta}}{\left(R^2e^{i\cdot2\theta}\right)+1}d\theta\right|\leqq\int_0^\pi\left|\frac{Re^{i\theta}}{R^2e^{i\cdot2\theta}+1}\right|d\theta\leqq\int_0^\pi\frac{R}{R^2-1}d\theta=\frac{\pi R}{R^2-1}$$

なので、Rを無限大にする極限で、半円に沿った積分は0に収束する。

$$\left|\int_{C_R}\frac{dz}{z^2+1}\right|\leqq\frac{\pi\frac{1}{R}}{1-\frac{1}{R^2}}\to0\ \left(R\to\infty\right)$$

現実世界の数字を理解する（数値解析）

高校の数学は理想的な数字を扱います。例えば三角関数の問題では角度が0°と30°と45°と60°（に90°の倍数を加えたもの）しか出てきません。しかし、現実世界ではそれ以外の角度の三角関数の値も必要となります。

微積分に関しても、高校の数学では数式しか扱いません。しかし、現実世界で微積分を利用しようとすると、測定した数値データを微積分することがあります。

このように現実世界の数字を扱う方法が数値解析です。大学で数学を「使う」時には必要な考え方になりますので、しっかり理解しておきましょう。

マクローリン展開を使って関数を近似する

近似において重要になるのが、137ページで紹介したマクローリン展開（テイラー展開）です。これは関数を原点の周りでべき級数（x^n（nは自然数）の項の和）に展開するものでした。

$f(x)$ のマクローリン展開

$$f(x)=f(0)+\frac{f'(0)}{1!}x+\frac{f''(0)}{2!}x^2+\frac{f'''(0)}{3!}x^3+\cdots\cdots$$

べき級数だと四則演算だけで計算できますので、三角関数や対数関数の近似値が得られるわけです。これは先ほど紹介した通りです。

例えばe^xをマクローリン展開（$x=0$でのテイラー展開）すると次のよう

になります。次数を上げるほど誤差が少なくなっていることがわかります。

$$e^x = 1 + x + \frac{x^2}{2!} + \frac{x^3}{3!} + \frac{x^4}{4!} + \frac{x^5}{5!} + \cdots\cdots$$

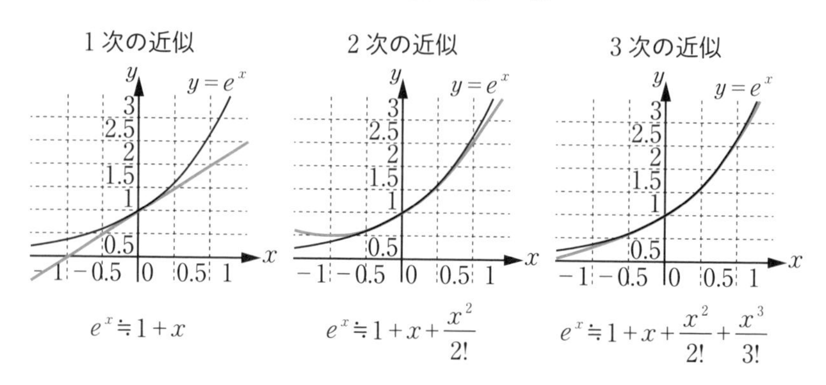

ここで1次式までの近似を**1次の近似**、2次式までの近似を**2次の近似**と呼びます。この中で1次近似は関数を接線で近似することを意味します。これは単純ですので、関数の近似値を求める際に良く使われます。

例えば下図のように、$y = \sqrt{x}$ という関数を $x=4$ で1次の近似をします。

この時、$x=4$ における接線の傾きは $\frac{1}{4}$ と得られますから、4の近辺で $y = \frac{1}{4}x + 1$ と近似できることになります。

例えば $\sqrt{4.1}$ をこの方法で近似すると2.025となります。真値の2.02484……の真値に対して0.01%程度の誤差で近似することができます。

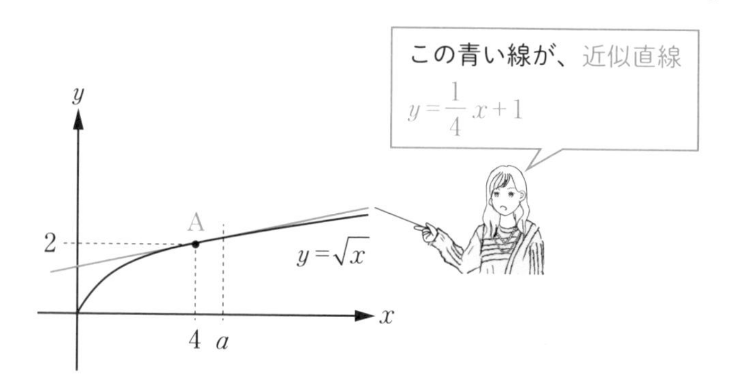

なお、ここでいう「近辺」は関数の変化に対して相対的なものですので、一概にxが±○○％などと言うことはできません。傾きが急激に変化していれば、近似できる範囲は狭くなるし、傾きが緩やかに変化していれば、近似できる範囲は広くなります。

例で示した$y=\sqrt{x}$を$x=4$で近似した場合は、xが4より大きい時は比較的広範囲で近似値が一致しているのに対し、xが4以下の場合は誤差が大きくなっています。近似できる範囲は相対的なものなのです。

ニュートン・ラフソン法で方程式を解く

次は数値的に方程式を解く方法を考えてみたいと思います。

最も原始的な方法は二分法と呼ばれる方法です。

この原理は簡単です。まず、図のような関数$y=f(x)$があってx_0とx_1の間に1つの解があることが分かっているとします。

この時$f(x_0)$と$f(x_1)$の符号は異なります。この方程式の解で正負が変化するからです。（図では$f(x_0)<0$、$f(x_1)>0$となっています）

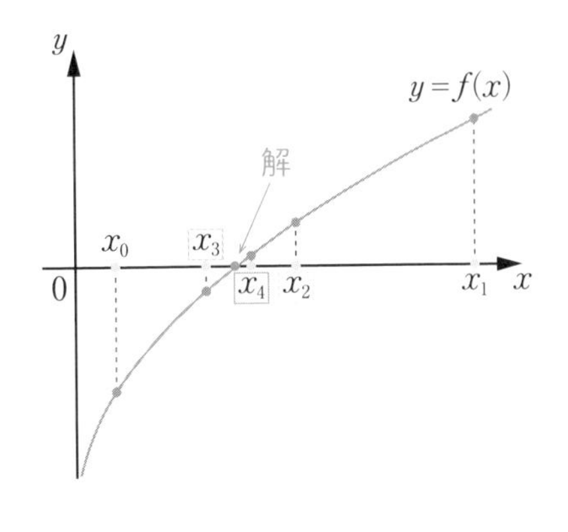

x_2 … x_0とx_1の中点
$\left(x_2=\dfrac{x_0+x_1}{2}\right)$

x_3 … x_0とx_2の中点
$\left(x_3=\dfrac{x_0+x_2}{2}\right)$

x_4 … x_2とx_3の中点
$\left(x_4=\dfrac{x_2+x_3}{2}\right)$

そして、x_0とx_1の中点x_2を考えます。そして$f(x_2)$の符号を調べます。この時$f(x_2)$と$f(x_0)$が同符号であれば、x_1とx_2の間に解があることがわかります。一方、$f(x_2)$ と $f(x_1)$ が同符号であれば、x_0 と x_2 の間に解があることがわかるのです。

そして、図の場合は x_0 と x_2 の間に解があることがわかりますから、次に x_0 と x_2 の中点 x_3 を求めて、$f(x_3)$ の符号を判定します。

このようなことを繰り返すと、解の範囲をどんどん絞りこむことができます。そして、解の範囲や関数の値がある一定の範囲に収まったら、それを解とするのです。

この二分法は直感的にもわかりやすい方法ですが、１回の操作で区間を半分ずつにまでしかできません。だから計算に時間がかかってしまうという大きな問題があります。

それを改善したのが**ニュートン・ラフソン法**です。ニュートン・ラフソン法は、解きたい方程式 $f(x)=0$ に対して、接線を使って解の存在範囲を絞り込む方法です。

ニュートン・ラフソン法はまずある値 x_0 から始めます。その x_0 における接線 L_0 を引きます。その接線 L_0 と x 軸の交点を x_1 とします。次に x_1 における接線 L_1 と y 軸の交点を x_2 とします。この操作を x_3、x_4 と続けていくわけです。

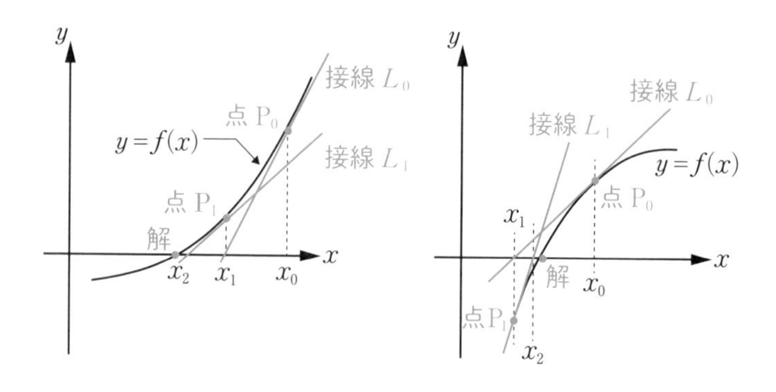

ニュートン・ラフソン法は二分法よりも速く収束するメリットがあります。ただし、この場合は$f(x)$の導関数$f'(x)$の値が必要です。導関数が簡単に求めらない時には、初期値を2点与えてその傾きから接線を引く方法が用いられることもあります。

そして、この方法では関数$y=f(x)$が連続でなめらか（微分可能）であることが必要です。例えば、下図のような関数の場合は微分が不可能な点（導関数$f'(x)$が不連続な点）を含んでいるので、うまくニュートン・ラフソン法が使えないことがあります。

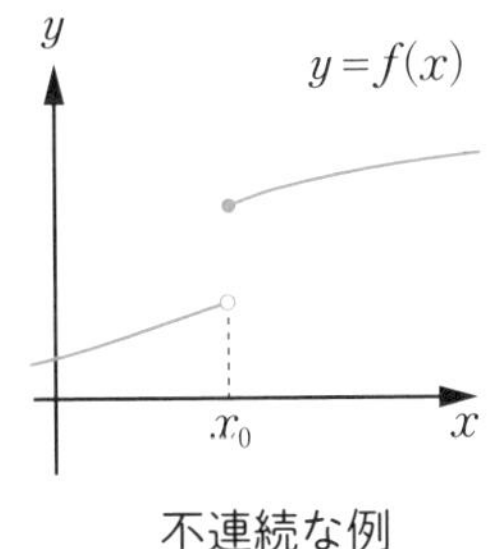

不連続な例

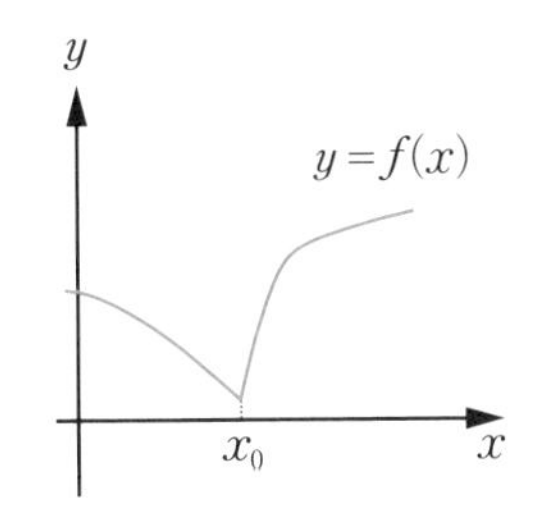

連続でも、なめらかではない例

ニュートン・ラフソン法は便利で収束が速い解法ではあるのですが、こんな配慮も必要になります。

数値微分と数値積分

数値の微分や積分は考え方としてはシンプルです。

微分は数式の定義では$h \to 0$の極限をとっていますが、数値微分では適当な小さい数の差分にします。

一方、積分は面積を求めることで、分割数を無限大にする極限をとりますが、数値積分では適当な大きな数で分割します。

原理は単純ですが、実際に使う時には注意すべき点もあります。まず数値微分は差分の取り方と差分の値に注意が必要です。差分の取り方でも下のように何種類か存在します。一般的には中心差分が使われることが多いことを覚えておいて下さい。

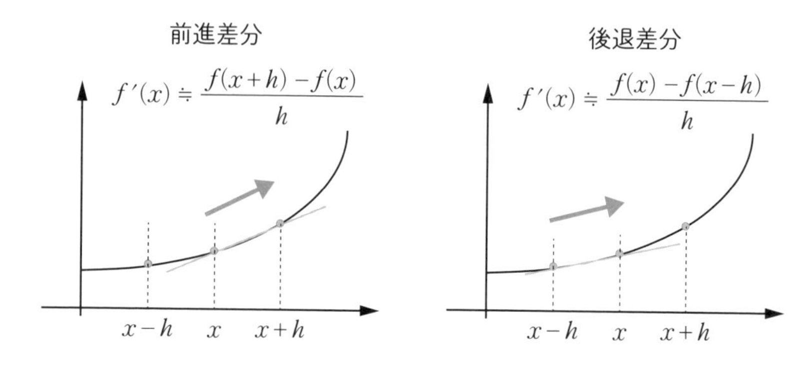

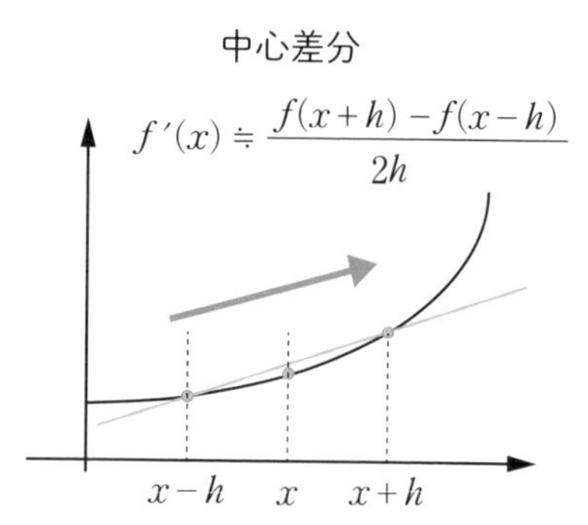

次に差分の値です。数値微分を計算する時、差分の値は小さければ小さい方が良いように思えます。しかしながら、実際の数字には誤差を含んでいることに注意しなくてはいけません。

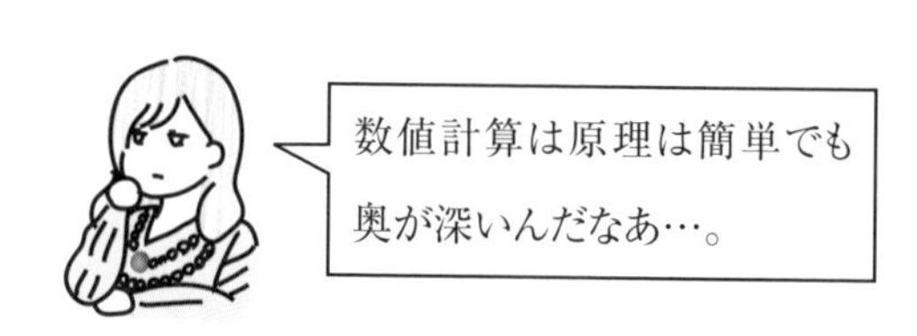

例として、物体が加速していく時間と距離のデータから速さを求める問題を考えてみます。

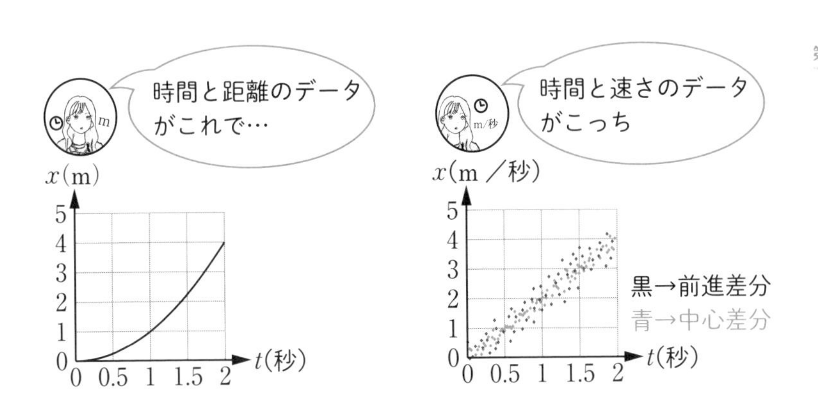

ここで距離 x は時間 t の関数で $x=t^2$ と表されることを仮定して、データは0.02秒刻みに取得しています。ここで距離 x のデータには意図的に $\sigma=1.5\%$ の誤差を入れ込んでいます。つまり、真値から1.5%の範囲でランダムにばらついているデータということです。

1.5%程度の誤差だと時間と距離のデータはきれいで全く問題ありません。しかしながら、微分した時のデータは誤差の影響がかなり見えてデータがばらついていることがわかります。

これは前進差分を用いて差分を0.02秒とした時と、中心差分を用いて0.04秒とした時で、差分が小さい方がはっきりとばらつきが大きくなっています。

このように実世界の数字の場合は差分が小さければ小さいほど良いわけではありませんから、差分の間隔には注意が必要です。

次に、数値積分について説明します。ここでいう積分は面積を求めることですから、領域を分割して面積を求めることになります。ここで分割方法がいくつか存在します。

普通に考える方法は下のように、長方形の面積を足し合わせることで、面積を計算することでしょう。これを区分求積法と呼びます。

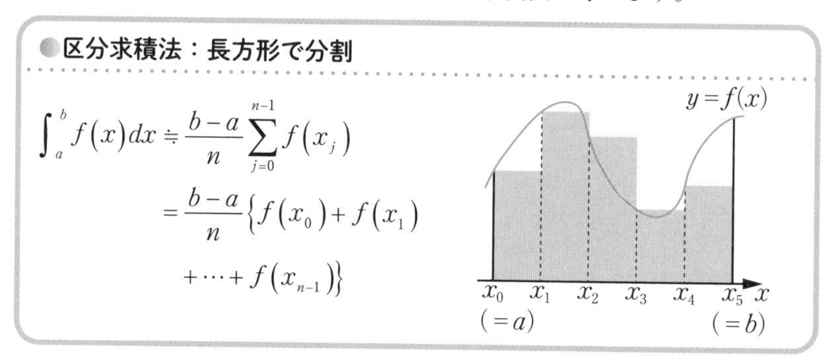

$$\int_a^b f(x)dx \fallingdotseq \frac{b-a}{n}\sum_{j=0}^{n-1} f(x_j)$$

$$= \frac{b-a}{n}\left\{f(x_0)+f(x_1) + \cdots + f(x_{n-1})\right\}$$

次に、区分求積法より精度を上げようと思えば、下図のように台形で近似する方法もあります。これを台形公式と呼びます。

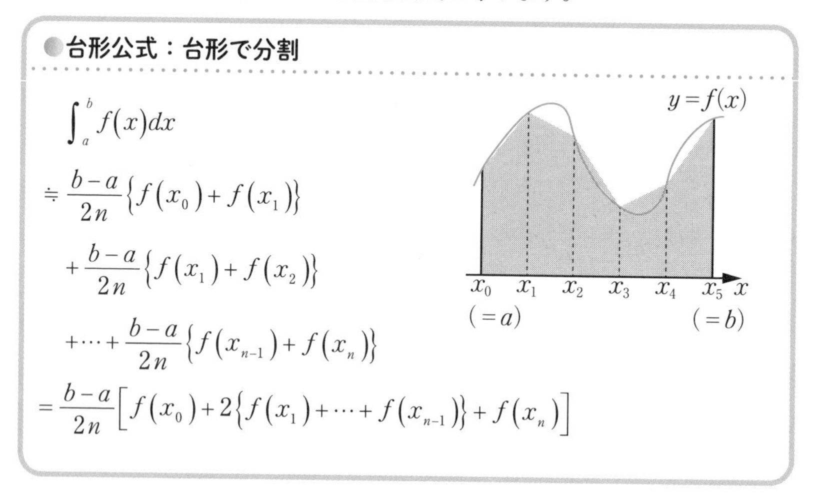

$$\int_a^b f(x)dx$$

$$\fallingdotseq \frac{b-a}{2n}\left\{f(x_0)+f(x_1)\right\}$$

$$+\frac{b-a}{2n}\left\{f(x_1)+f(x_2)\right\}$$

$$+\cdots+\frac{b-a}{2n}\left\{f(x_{n-1})+f(x_n)\right\}$$

$$=\frac{b-a}{2n}\left[f(x_0)+2\left\{f(x_1)+\cdots+f(x_{n-1})\right\}+f(x_n)\right]$$

最後に曲線を放物線（２次関数）で近似する方法があります。これはシンプソン法とも呼ばれ、曲線（放物線）で近似するため、曲線の面積の精度は台形公式と比べて大幅に高くなります。当然ですが、２次関数を近似した場合は真値を与えます。

●シンプソン法：各区間の曲線を放物線で近似

$$\int_a^b f(x)dx$$

$$\fallingdotseq \frac{b-a}{6n}\Big[f(x_0)$$

$$+4\{f(x_1)+f(x_3)+\cdots+f(x_{2n-1})\}$$

$$+2\{f(x_2)+f(x_4)+\cdots+f(x_{2n-2})\}+f(x_{2n})\Big]$$

※面積の計算の都合上、分割数は偶数（$2n$）にする

一例として、e^x を数値積分した結果を示します。

シンプソン法の精度の高さをご理解いただけると思います。

$$\int_0^2 e^x dx = e^2 - 1 = 6.389056\cdots$$

	区分求積法（長方形）	台形公式	シンプソン法
4分割	8.11887 誤差 ＋27.0％	6.52161 誤差 ＋2.1％	6.39121 誤差 ＋0.034％
8分割	7.22093 誤差 ＋13.0％	6.42230 誤差 ＋0.52％	6.38919 誤差 ＋0.002％

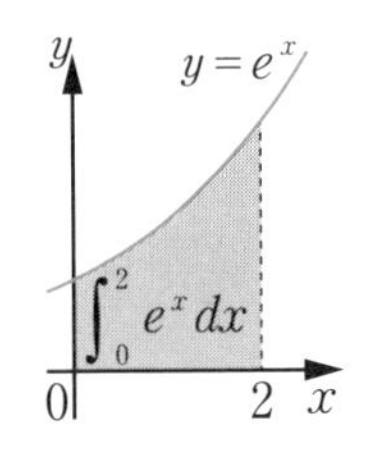

統計学は標準偏差が8割

実は統計学はかなり高度な数学が必要となる分野です。

特にビッグデータの解析では、線形代数、微積分など高度な数学を駆使します。しかも、データ数が多いため、次元（例えば行列で扱う場合の行列の大きさ）も大きくなり計算も複雑になります。そんな数字を現実的な時間で計算するため、数値解析の知識も必要になります。

そのような高度な知識は、大学高学年以降で学んで頂くとして、ここでは統計を学ぶ上の初歩の初歩ではありますが非常に重要な、標準偏差と正規分布の知識についてお伝えしたいと思います。

標準偏差σとは何を表す量か？

統計を学ぶにあたって、最初の重要なポイントが標準偏差です。これは値のばらつきを表すもので、直感的にはイメージしづらいかもしれません。

しかし標準偏差が理解できないと、正規分布をはじめとするこの後の統計は一切理解できません。あいまいにせずにしっかりと理解するようにしましょう。

標準偏差はデータのばらつきを表す指標です。同じ平均値でもばらつきが違うとその分布は全く違って見えます。

例えば、あるクラスで数学と英語のテストをしたとします。平均点は数学も英語も60点でしたが、点数の分布は次のようになっています。

そしてある生徒が数学も英語も75点でした。どちらも平均点から15点高いですが、数学と英語の75点の価値は同じでしょうか？

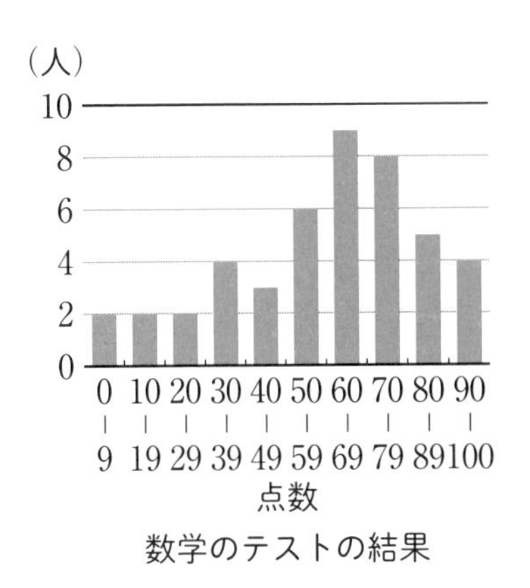

数学のテストの結果

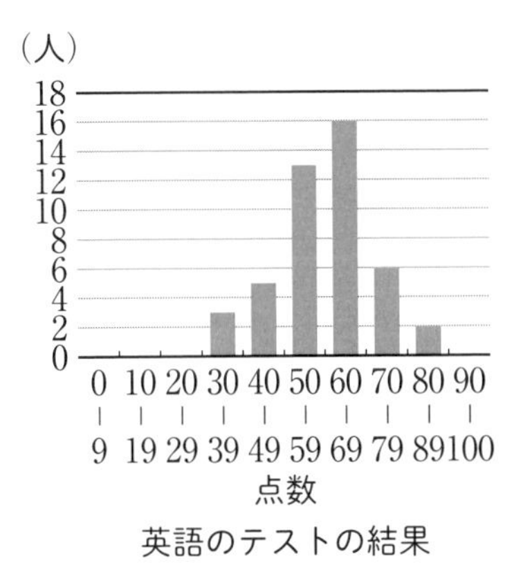

英語のテストの結果

分布のヒストグラムを見ると、数学と英語では分布がずいぶん違います。数学は低い点数から高い点数まで広く分布していますが、それに比べると英語は平均点付近に点数がかたまっています。

ここで、数学も英語も75点だった生徒の場合、数学の順位は14位で英語の順位は4位でした。だから、英語の75点の方が価値が高いように思えます。

この価値を数値で表すために、使えるのが標準偏差です。標準偏差を計算するためには2ステップあります。

まず、分散という量を求めます。分散は各要素の平均との差を2乗して加えた値を要素の数で割ります。数式で表すと下のようになります。

分散

$x_1, x_2, x_3, \cdots\cdots, x_{n-1}, x_n$ と n 個のデータがあるとき、分散 V は下式のように定義される。ただし、$\bar{x}$ はこのデータの平均値とする。

$$V=\{(x_1-\bar{x})^2+(x_2-\bar{x})^2+(x_3-\bar{x})^2+\cdots\cdots$$

$$+(x_{n-1}-\bar{x})^2+(x_n-\bar{x})^2\}\div n=\frac{1}{n}\sum_{k=1}^{n}(x_k-\bar{x})^2$$

そして標準偏差はその分散の平方根をとった数になります。つまり、次のようになります。

●標準偏差

分散 V の正の平方根を標準偏差と呼ぶ。つまり、標準偏差 σ は下式で表される。

$$\sigma = \sqrt{\frac{1}{n}\sum_{k=1}^{n}\left(x_k - \bar{x}\right)^2}$$

先ほどのテストの例で、標準偏差を計算してみると、数学が24点、英語が12点となりました。

これは、数学のテストでは平均点+24点の84点、英語のテストでは平均点+12点の72点が同じ順位になることを示しています。ですので、この場合は同じ75点でも英語の75点の方が価値が高くなるのです。

ある確率分布があったとして、その平均値と標準偏差は最も基本的な量になります。標準偏差はばらつきを定量化する量です。計算の仕方を含めて、しっかり理解しておくようにしましょう。

このように標準偏差は統計で用いる基本的な指標となりますが、「なぜ2乗して足してその平方根を取るのだろう」と疑問に思う方もいるかもしれません。

例えば、50点、60点、70点という3人がいた場合、60点が平均となります。この時2乗ではなく、平均からの絶対値のずれを足し合わせれば良いと思うかもしれません。

絶対値を足し合わせる： $|50-60| + |60-60| + |70-60| = 20$

2乗を足し合わせる： $\sqrt{(50-60)^2 + (60-60)^2 + (70-60)^2} = 10\sqrt{2}$

しかし、ばらつきにおいては2乗の平均が基本的な量になります。

例えば、サイコロ1回振った時の出る目の平均は3.5、標準偏差は$\sqrt{\frac{35}{12}}$になります。そして、サイコロを2回振って、出た目の和を考える時、平均は3.5の2倍の7.0となります。

一方、標準偏差は$\sqrt{\frac{35}{12}}$の倍とはなりません。ばらつきは「分散」つまり標準偏差の2乗が、2倍になります。分散は$\frac{35}{12}+\frac{35}{12}=\frac{35}{6}$となり、標準偏差はその平方根の$\sqrt{\frac{35}{6}}$となります。

このように事象が独立、つまり片方の結果がもう片方に影響を及ぼさない場合、ばらつきは分散の和となります。

ですから、統計においてばらつきを表す量は分散の方が基本的で、標準偏差は単位を元の量に合わせるために平方根をとったもの、と考えた方が正確かもしれません。

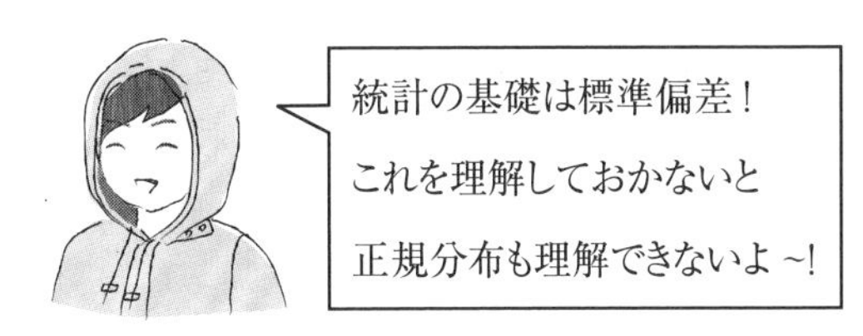

正規分布はなぜ重要なのか？

正規分布は確率分布を数式の形で表せることにメリットがあります。

中身を説明する前にまず「数式で表せるメリット」について説明したいと思います。

例えば、あるお店の来店者数と注文数の関係を記録すると下のようになったとしましょう。もちろん来店者数と注文数は強い相関があるのですが、ばらつきはあります。ですから、このようにばらつきをもった関係となるわけです。

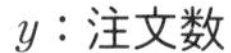

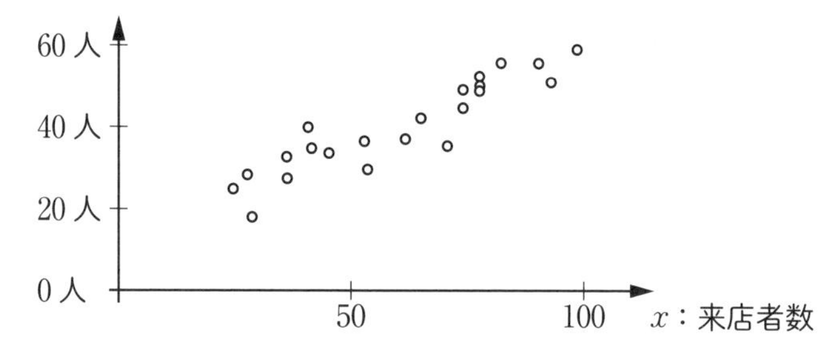

ここで最小二乗法という方法を使って、次のように直線を引いてみます。ここでその直線が次のような式になっていたとします。

$$y = 0.5x + 10$$

するとこの直線の式から、「来店数が100人だったら、注文数は60件くらい」「来店数が10人増えたら、注文は5件増える」といった情報を得ることができるわけです。数式にはこのような力があるのです。

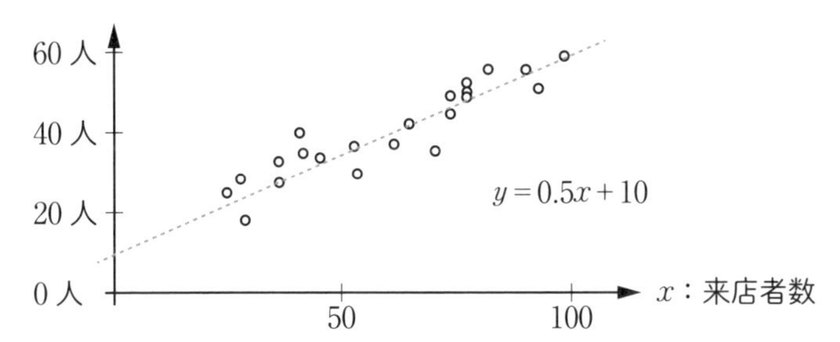

これは正規分布でも同じです。あるデータの分布から平均値と標準偏差を求めます。すると、正規分布の式に当てはめることができます。

すると、例えばテストの点の分布だったとすると、その正規分布の式から「○点以上の人は全体の何％か？」とか、「全体の上位○％になるためには○点が必要だ」ということがわかるようになるのです。

正規分布の式

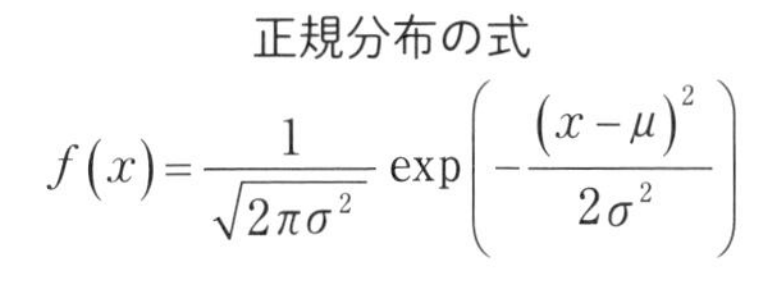

$$f(x)=\frac{1}{\sqrt{2\pi\sigma^2}}\exp\left(-\frac{(x-\mu)^2}{2\sigma^2}\right)$$

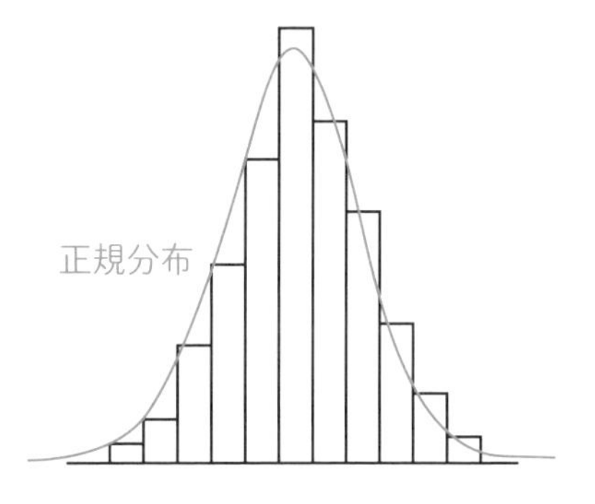

exp(x)はe^xを表すんだな。
指数が複雑になった時に便利

実際の度数分布（ヒストグラム）
を正規分布の式で近似します。

さて、その正規分布の式を詳しく説明します。

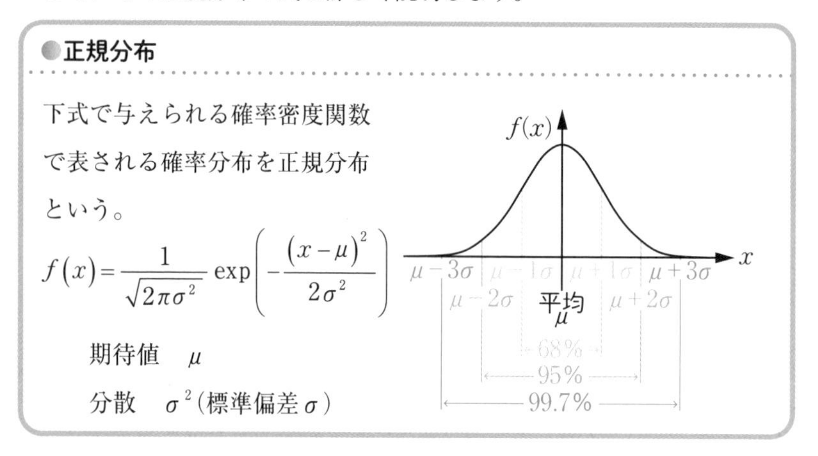

この式の特徴として、平均値 μ と標準偏差 σ の２つがパラメータであること、$-\infty$ から ∞ まで積分すると１になることがあります。

例えば、変数 x がテストの点だとしましょう。すると $x=65$ ～ 70 までの範囲で積分すると、その面積の値が全体の割合を表しています。つまり、この積分の値が 0.05 だったとすると、全体の５％が 65 点から 70 点の間にいることを意味します。つまり、正規分布の式は積分して初めて意味が出てくると言えるかもしれません。

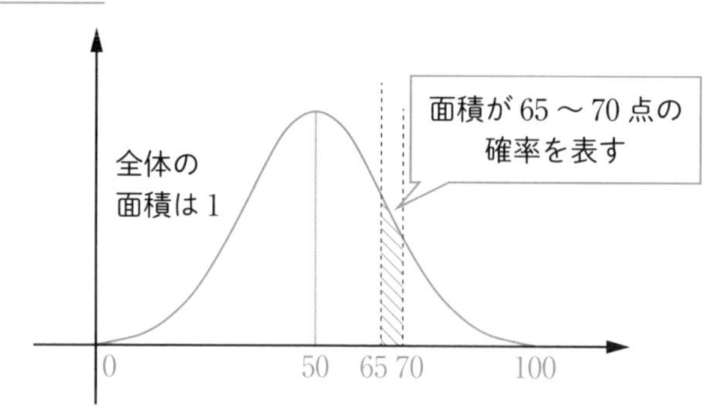

σ が大きいほど値がばらついているので、分布が広くなります。μ が変わると平均値が変わるので、その分グラフがシフトします。それを視覚的に示すと次のようになります。

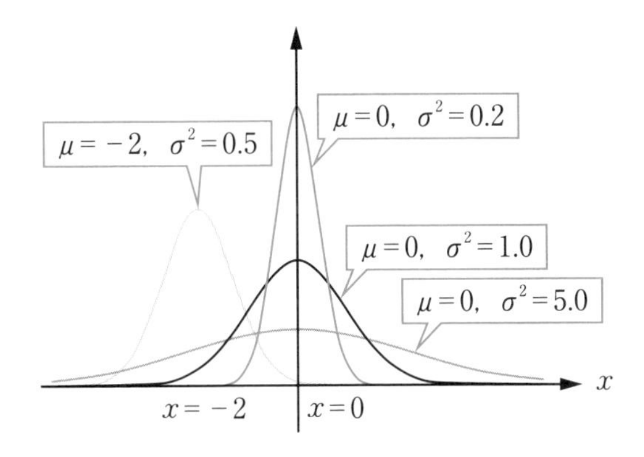

正規分布は、例えば人間の身長のように、平均値付近に多くの分布が集中し、平均値から離れると、急に確率が低くなるような分布を表すために使います。

ですから、サイコロの出る目は1から6まで同じ確率で分布しますので、一様分布と呼ばれる分布になり、正規分布とはなりません。

この(確率)分布には、正規分布以外にも、ポワソン分布やワイブル分布など色々なものがあります。これらは現象によって使い分けます。例えば機械の故障を予測するワイブル分布は下のような確率分布です。

ワイブル分布

$$f(t)=\underbrace{\frac{m}{\eta}\left(\frac{t}{\eta}\right)^{m-1}}_{\text{故障率 }\lambda(t)}\exp\left(-\left(\frac{t}{\eta}\right)^{m}\right)$$

m：ワイブル係数

η：尺度パラメータ

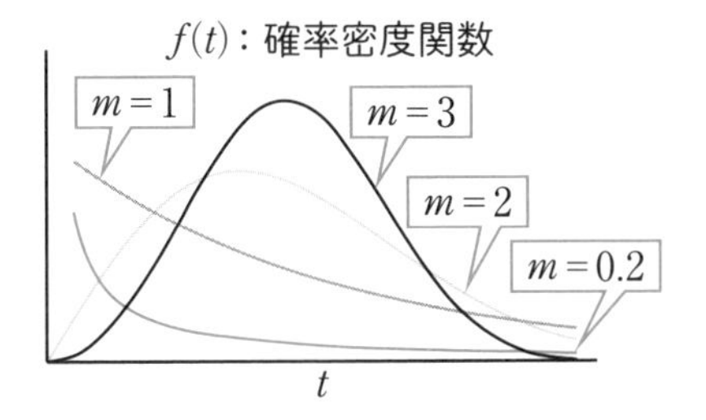

これらの確率分布の中でも、正規分布は最も使われる分布です。ですから、多くの現象に正規分布を当てはめます。その際に、理想的な正規分布から実際の分布が、どれだけずれているか確認することも大事です。

そのために使われるものにQQプロットがあります。QQプロットは下のようなグラフで、点が中心(平均)付近に多く分布していて、そこから外れると少なくなる特徴があります。

ここで表す直線が正規分布を表していて、分布が直線に近いかどうかで、正規分布からのずれを視覚的に判断できます。

QQ (Quantile - Quantile) プロット

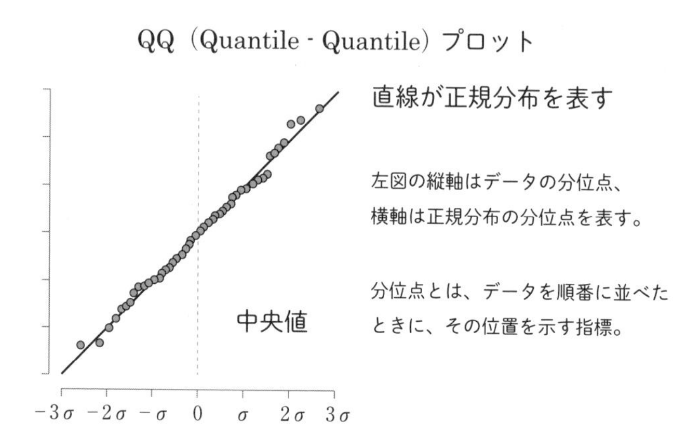

QQプロットは軸の取り方が色々あって混乱するかもしれません。しかし共通しているのは、直線に近いほどきれいに正規分布している、ということです。その視点でグラフを見て頂ければ、と思います。

右ページにデータ分布とQQプロットの関係を概念的に示します。

データ分布がこちら。
横軸がデータで、縦軸が確率（度数）だよ。

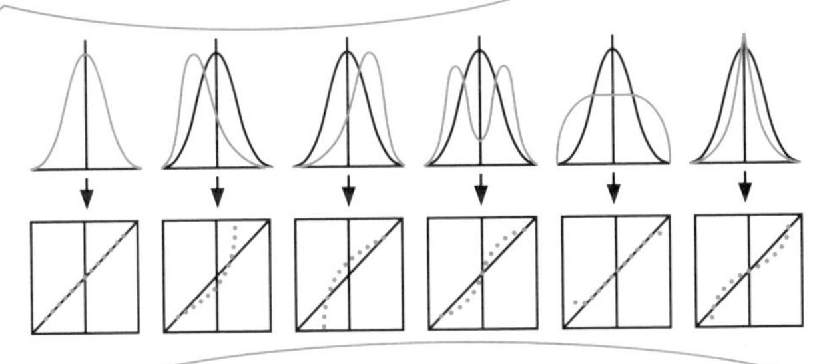

QQ プロットがこちら。
横軸が正規分布分位点で、縦軸がデータ分位点だよ。

これで大学数学の
入門編は
終わりか…

千里の道も一歩から。
ゆっくり
一歩ずつ進もう。

INDEX さくいん

さ行

た行

な行

は行

ま行

や行

ら行

わ行

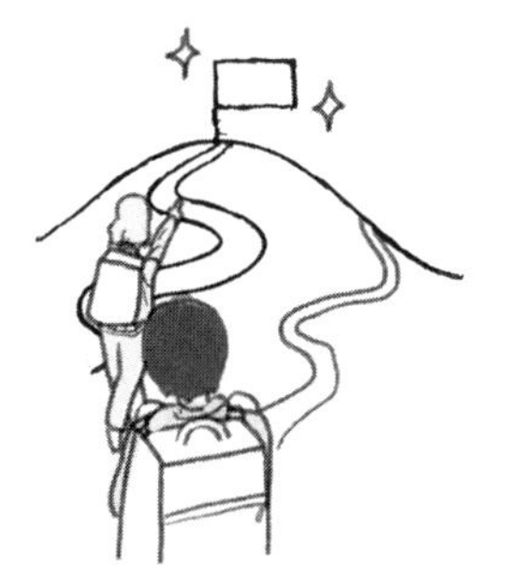

著者プロフィール

蔵本(くらもと)　貴文(たかふみ)　Takafumi Kuramoto

香川県丸亀市出身、1978年1月生まれ。

関西学院大学理学部物理学科を卒業後、先端物理の実践と勉強の場を求め、大手半導体企業に就職。

現在は微積分や三角関数、複素数などを駆使して、半導体素子の特性を数式で表現するモデリングという業務を専門に行っている。

さらに複業として、現役エンジニアのライター、エンジニアライターとしての一面も持つ。サイエンス・テクノロジーを中心とした書籍の執筆（自著）、ビジネス書や実用書のブックライティング（書籍の執筆協力）、電子書籍の編集・プロデュースなど、書籍のライティング中心に活動している。

著書に『数学大百科事典仕事で使う公式・定理・ルール127』（翔泳社）、『解析学図鑑－微分・積分から微分方程式・数値解析まで－』（オーム社）、『「半導体」のことが一冊でまるごとわかる』（共著、ベレ出版）、『意味と構造がわかるはじめての微分積分』（ベレ出版）、『学校では教えてくれない！これ1冊で高校数学のホントの使い方がわかる本』（秀和システム）がある。

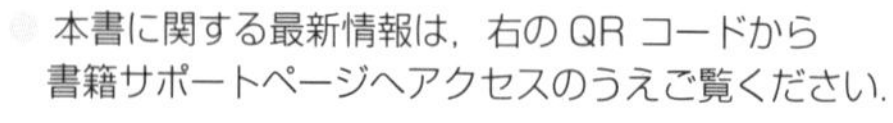

本書に関する最新情報は，右の QR コードから
書籍サポートページへアクセスのうえご覧ください．

本書へのご意見，ご感想は，以下の宛先へ書面にてお受けしております．
電話でのお問い合わせにはお答えいたしかねますので，
あらかじめご了承ください．

〒162-0846 東京都新宿区市谷左内町 21-13
株式会社 技術評論社 書籍編集部

高校数学からのギャップを埋める
大学数学入門

2023年8月19日　初 版　第1刷発行

著　者　蔵本 貴文
発行者　片岡 巌
発行所　株式会社技術評論社
東京都新宿区市谷左内町 21-13
電話　03-3513-6150　販売促進部
03-3267-2270　書籍編集部
印刷／製本　昭和情報プロセス株式会社

定価はカバーに表示してあります。

装丁・下野ツヨシ（ツヨシ＊グラフィックス）、カバーイラスト・オオノマサフミ
組版、本文イラスト・キーステージ２１、校閲・小山拓輝

ISBN978-4-297-13605-5 C3041
Printed in Japan